2017 年全国地市级环保局局长培训优秀论文集

环境保护部宣传教育中心　编

中国环境出版社·北京

图书在版编目（CIP）数据

2017 年全国地市级环保局局长培训优秀论文集/环境保护部宣传教育中心编. —北京：中国环境出版社，2017.5
ISBN 978-7-5111-3142-3

Ⅰ．①2⋯　Ⅱ．①环⋯　Ⅲ．①环境保护—中国—文集　Ⅳ．①X-12

中国版本图书馆 CIP 数据核字（2017）第 074352 号

出 版 人　王新程
责任编辑　韩　睿
责任校对　尹　芳
封面设计　宋　瑞

出版发行　中国环境出版社
　　　　　（100062　北京市东城区广渠门内大街 16 号）
　　　　　网　　　址：http://www.cesp.com.cn
　　　　　电子邮箱：bjgl@cesp.com.cn
　　　　　联系电话：010-67112765（编辑管理部）
　　　　　发行热线：010-67125803，010-67113405（传真）
印　　刷　北京市联华印刷厂
经　　销　各地新华书店
版　　次　2017 年 5 月第 1 版
印　　次　2017 年 5 月第 1 次印刷
开　　本　787×960　1/16
印　　张　18
字　　数　300 千字
定　　价　50.00 元

《2017 年全国地市级环保局局长培训优秀论文集》

编委会及作者名单

主　编　贾　峰

副主编　闫世东　曾红鹰　刘之杰

编　委　王菁菁　范雪丽　胡天蓉　张　琳　刘汝琪　廖雪琴

审稿人　刘定慧　张仁志　张宝安　王仲旭　王　政　冯雨峰

　　　　韩小铮　宋海鸥

作　者　（按姓氏拼音字母排序）

常　洪	陈达兴	陈克亚	陈琳琳	丁青云	冯胜宏
甘明净	高立文	高永兴	顾洪军	蒋　勐	李斌祥
李建东	李　磊	梁维吉	梁晓咏	刘永涛	龙东方
罗樟麟	蒙小明	牟方令	平小波	蒲　浪	秦平安
饶如峰	史　春	舒　斌	孙魁明	谭震生	王东滨
王文杰	吴　瑕	徐竞科	许大吉	许　明	姚玉鑫
叶广勇	余　梅	张玉春	张远闻	赵雪辉	赵炎强
郑西胜	周祥芬	朱伟强			

前　言

　　党的十八大以来，以习近平同志为核心的党中央高度重视生态文明建设和环境保护。习总书记以宽广的全球视野、深厚的民生情怀、强烈的使命担当，多次对生态文明和环境保护作出重要指示，提出一系列新理念新思想新战略，充分体现了新时期我们党治国理政的新气象新境界新思路。2016 年 12 月，习总书记对生态文明建设再次作出长篇重要指示，指示强调，生态文明建设是"五位一体"总体布局和"四个全面"战略布局的重要内容。各地区各部门要切实贯彻新发展理念，树立"绿水青山就是金山银山"的强烈意识，努力走向社会主义生态文明新时代。这一重要指示，站在党和国家发展全局的高度，进一步明确了生态文明建设的战略定位，强调了加快生态文明建设的重要性紧迫性，指明了今后一段时期生态文明建设重大任务，体现了总书记以人民为中心、加快改善生态环境质量的殷切希望，提升和深化了环保队伍对生态文明建设、对环境保护的理解和认识。

　　"十三五"时期是全面建成小康社会、实现第一个百年奋斗目标的决胜阶段。环境保护既处于大有作为的重要战略机遇期，又处于负重前行的关键期；既是实现环境质量总体改善的窗口期、转折期，也是攻坚期。

2016 年是"十三五"生态环保规划的谋划之年，环境保护任务异常繁重，工作量大面广。在党中央、国务院的坚强领导下，全国环保系统共同努力，深化落实各项改革举措，取得显著进展。

在环境保护督察方面，完成河北省试点及两批共 15 个省（区、市）中央环保督察，共受理群众举报 3.3 万余件，立案处罚 8 500 余件、罚款 4.4 亿多元，立案侦查 800 余件、拘留 720 人，约谈 6 307 人，问责 6 454 人。

省以下环保机构监测监察执法垂直管理制度改革方面，河北、重庆率先启动改革试点，在环境监察体系、环境监察专员制度、生态环保委员会、环境监测机构规范化建设等方面作出制度性安排，旨在建立健全条块结合、各司其职、权责明确、保障有力、权威高效的地方环保管理体制。

强化环境法治保障方面，持续开展《环境保护法》实施年活动，严厉打击环境违法行为，全国实施按日连续处罚案件 974 件，实施查封扣押案件 9 622 件，实施限产停产案件 5 211 件，移送行政拘留案件 3 968 起，移送涉嫌环境污染犯罪案件 1 963 件，同比分别上升 36%、130%、68%、91%、16%。

为了更好地支撑上述环保重点工作的深入开展，提高地方环保局长的工作执行能力，更好地配合"十三五"时期的生态环保规划，受环境保护部行政体制与人事司委托，环境保护部宣传教育中心承办了 4 期全国地市级环保局长培训班，其中 2 期专题培训班，2 期岗位培训班，来自全国 31 个省（区、市）和新疆生产建设兵团下辖约 250 个地级市（区、县）共计 250 余人参加培训。培训内容紧紧围绕环保重点难点工作设计，旨在全面贯彻党的十八大和十八届三中、四中、五中全会精神，深入学习领会习近平总书记系列重要讲话精神和治国理政新理念新思想新战略，进一步提高地市级环保部门负责同志的思想认识、管理能力和业务素质，提升基层环保队伍的系统化、法治化、科学化、精细化和信息化管理水平，实现以环境质量改善为核心的环保工作目标。其中两期专题班分别围绕"深化生态文明体制改革，改善环境质量"和"贯彻落实'十三五'生态环保规划，改善环境质量"开展主题研讨交流。

为了及时总结生态文明建设探索与环境管理制度改革等方面的基层工作经验，也为了更好地宣传培训学习成果，自 2008 年开始，环境保护部宣传教育中心每年组织专家从局长们提交的论文中精选优秀论文，汇编出版。本册论文集是该系列的第九册，从参训学员提交的 211 篇论文和 31 篇案例中精选论文 39 篇，案例分析 6 篇，分为"生态文明建设与综合整治"、"环保体制机制探索"、"环境污染治理"和"环境执法案例"等四大主题，既是对"十二五"期间基层环保队伍在全面深化生态文明体制改革、改革创新环境保护管理制度方面所做出的探索与实践的总结和归纳，也是对全面落实"十三五"生态环保规划、改善环境质量的践行与展望。

希望本册论文集的出版能够为基层环保部门提供先进的环保工作案例和实践探索经验，为基层环境管理者和决策者提供有益参考。

本册论文集由参加 2016 年全国地市级环保局长培训班的学员们供

稿。环境保护部宣传教育中心主任贾峰、副主任闫世东，培训室主任曾红鹰、副主任刘之杰，培训室室主任助理王菁菁、范雪丽和培训室其他工作人员胡天蓉、刘汝琪、张琳和廖雪琴同志参与了论文的收集、初审、修改、审校和汇编工作。河北环境工程学院的刘定慧、张仁志、张宝安等教授，王仲旭、王政、冯雨峰、韩小铮、宋海鸥等副教授对通过初审的论文进行专业审定。在此一并表示衷心感谢！

由于编者的水平所限，难免会有瑕疵，还请读者不吝赐教，提出宝贵意见和建议，我们将会虚心接受，不断努力，使我们的工作日臻完善。

环境保护部宣传教育中心

2017 年 4 月 20 日

目　录

专题三　环境污染治理

专题四 环境执法案例

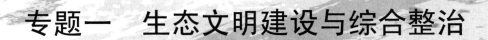

专题一　生态文明建设与综合整治

深入构建延边州生态环境建设的思考

吉林省延边朝鲜族自治州环境保护局 许大吉

摘 要："十三五"时期是延边朝鲜族自治州振兴发展的关键时期，也是全面建成小康社会的决胜阶段，小康全面不全面，生态环境质量很关键。本文围绕践行绿色发展理念，构建延边州生态环境建设体系，对如何正确处理经济增长与绿色发展的关系、进一步推动延边州生态文明建设进行初步的探索。

关键词：生态环境建设 生态文明建设 绿色发展理念

党的十八大将生态文明建设列入"五位一体"的中国特色社会主义建设事业的总体布局。习近平指出："建设生态文明，关系人民福祉，关乎民族未来。""良好的生态环境是最公平的公共产品，是最普惠的民生福祉。""十三五"时期是延边朝鲜族自治州（以下简称延边州）振兴发展的关键时期，也是全面建成小康社会的决胜阶段，小康全面不全面，生态环境质量很关键。如何正确处理经济增长与绿色发展的关系？如何进一步推动延边州生态文明建设？本文围绕践行绿色发展理念，构建延边州生态环境建设体系进行初步的探索。

一、延边州生态环境质量现状

延边朝鲜族自治州地处吉林省东部，中、朝、俄三国交界处，东与俄罗斯滨海区接壤，南隔图们江与朝鲜咸镜北道、两江道相望，边境线总长 755.2 km，其中，中朝边境线 522.5 km，中俄边界 232.7 km。幅员面积 4.27 万 km^2，约占吉林省总面积的 1/4，下辖延吉、图们、敦化、珲春、龙井、和龙 6 市和汪清、安图 2

县，首府所在地为延吉市，全州户籍总人口为 218.7 万人。延边地处长白山区，地域辽阔，森林覆盖率达 83.3%，有 14 个省级以上自然保护区（国家级 5 个、省级 9 个），占地面积为 7 107.79 km²，约占全州面积的 16.65%。主要保护对象有东北虎、豹、黑鹳、东方白鹳、中华秋沙鸭等珍稀濒危动物以及牡丹江上游湿地、东北红豆杉及典型的北方温带原始针阔混交林生态系统等。

近年来，延边州确立"生态立州、生态兴州"的发展思路，提出建设富庶、开放、生态、和谐、幸福的延边战略目标，以推进转型跨越、促进科学发展为目标，以提升生态文明建设水平、促进经济发展方式转变为根本，以解决危害群众健康和影响可持续发展的突出环境问题为重点，突出流域、区域、行业、企业"四大领域"污染治理。集中力量实施污染减排、大气污染防治、水污染防治、农村环境综合整治、环境风险防范等"五大工程"，不断强化体制机制、执法监管、科技支撑、能力建设、人才队伍、资金投入"六大保障"，努力走出一条投入小、效益好、排放低、可持续的环境保护工作新路子。

全州环境质量持续好转，全州 9 条主要河流 29 个水质监测断面中达到Ⅲ类以上水质（良好以上）断面达到 21 个，占 63.6%。各县市城市环境空气质量均达到国家二级标准，其中，州府城市延吉市 2015 年大气污染物二氧化硫和可吸入颗粒物浓度分别为 0.018 mg/m³ 和 0.055 mg/m³，优良天数达到 314 天，重污染天气仅为 2 天。在减排工作方面，延边州实现了"五个全覆盖"，即发电行业 20 万 kW 以上燃煤发电机组脱硫设施全覆盖、30 万 kW 以上燃煤发电机组脱硝设施全覆盖、钢铁行业烧结脱硫设施全覆盖、水泥行业日产熟料 2 000 t 以上水泥回转窑脱硝设施全覆盖、县城污水处理厂全覆盖。在生态环境建设方面，延边州共完成 478 个行政村的农村环境连片整治，占全州行政村的 50% 以上，创建了国家级生态乡镇 13 个，国家级生态村 1 个；省级生态乡镇 18 个；省级生态村 16 个，州级生态村 608 个，龙井市、珲春市、汪清县 3 个县市已获得省级生态县（市）称号。延边州先后被评为 2013 年度中国最佳生态环境投资城市（地区），2014 中国十佳空气质量城市排行榜榜首，2014 中国最美旅游目的地城市，全国首批资源综合利用"双百工程"示范基地。

二、生态环境建设方面存在的问题

（一）环保基础设施建设相对滞后

延边州是经济欠发达地区，由于地方财力等原因，有些环保基础设施建设相对滞后。近几年延边州通过产业结构调整、严把环保准入、"双达标"等措施，淘汰很多传统的水污染重的造纸、化工等行业和企业。所以，这几年水污染中城市生活污水对水环境的影响越来越明显。8 个县市污水处理厂都已经建成，但是，由于污水收集管网建设，雨污、清污分流等设施不配套，导致城市污水收集率低，污水处理厂进水浓度低，造成很多污水处理厂不能正常发挥作用。同时，城市大气污染防治设施落后。延边地处吉林东部山区，冬季取暖主要靠烧煤，冬季煤烟型污染较重，再加上很多城中村，城乡结合部仍然还采用自家烧炕等形式取暖，进一步加重了城市的大气污染。但是由于大气污染防治工程方面投入不够，导致用清洁能源代替传统能源、集中连片供热、旧城改造等大气污染综合防治措施和设施跟不上，进一步提高城市大气环境质量的任务还很重。

（二）矿区生态环境破坏较为严重

延边州属于矿产资源较为丰富的地区，目前发现的矿产品种达到 90 多种，其中能源矿 10 种，金属矿产 33 种，非金属矿产 48 种，水气矿产 2 种，优势矿产有煤、金、石灰岩、矿泉水等。由于历史原因，不少服务期满的矿山企业遗留了很多环境隐患，如矿山废弃物、废弃尾矿库、矿区生态破坏等。由于当时的环境政策等方面原因未预留生态恢复资金，造成许多遗留矿区生态环境恢复无人埋单，地方财力又无法承担这笔费用。同时，新开的矿山企业还存在建设和服务期间生态环境破坏，大量废弃物不能很好地处理等现象，这些都给延边州矿区生态环境保护工作造成了很大压力。

（三）改善水环境质量任务重

延边州属于山区，水资源比较丰富，境内大小河流共有 487 条。但是由于这几年对流域生态环境的破坏，大量水利设施的建设和水资源的不合理利用等几个方面的原因，各条河流水量越来越少。在各流域水污染物排放量越来越减少、废水排放达标率越来越高的情况下，水环境质量改善并不明显，主要原因在于有些河流不能保证正常生态水量。同时，延边的特殊地理位置，面临国际界河的水环境问题，如中朝界河图们江，由于两国的环保法律、法规、政策、标准等不同，很难统一环保措施，很难在规定时间内达到国家统一的环境质量改善目标。

（四）生态环境建设尚未形成工作合力

新环保法明确规定，各级政府是环境保护责任主体。但是在实际工作中，普遍存在环保部门单打独斗的现象。目前，党中央提出的生态环境保护范围远远超过以前各级环保部门主抓的水、大气、噪声、固体废物等简单的环境问题，是一个系统的、复杂的、综合性的环境保护问题，不能靠简单的方式或靠一个部门的能力来解决问题。所以，需要以政府层面组成环境保护综合协调机构和机制，来推动当地生态环境保护工作。目前，地方在落实生态环境保护责任方面，普遍存在缺少这方面体制机制，"党政同责""一岗双责"等追责制度目前还停留在口号上。同时，还普遍存在牵头部门单打独斗的多、相关部门协同配合得少，主要单位制定实施方案的多、相关单位具体执行落实少等现象。

三、加快推进延边州生态环境建设的建议

（一）强化生态环境保护体制机制建设

提升一个地方的生态环境、人居环境质量，贵在立足长远，从大处着眼，从细节处入手，系统地加以推进。当前，生态环境建设更需要政府、社会组织和每个公民共同参与，是一个长期、复杂、系统的工程，需要一切社会力量的共同努力。这就需要进一步创新生态环境建设协调机制，形成生态环境治理的合力，在各级政府层面上，建立跨部门、跨行业的组织协调机制来谋划当地生态环境建设长远规划，加强政策指导，及时解决基层生态环境建设中遇到的各类重大问题，尤其是建立环境保护部门与各相关部门之间的对口协作机制，从制度层面保障生

态环境建设健康有序地开展。

（二）加强生态环境综合防治体系建设

以源头预防为前提，过程监督为手段，加快构筑科学的综合防治体系。一是通过严格执行环境影响评价制度，严把生态环境准入关，根据国家产业政策和延边生态环境特点，研究制定更符合延边绿色转型发展的产业项目目录，限期淘汰或转型不符合延边绿色转型发展的项目和企业，尽早实现延吉州的绿色转型发展。二是以改善生态环境质量为核心，开展以流域或区域为单元的生态环境综合治理工作。以生态环境质量目标值为工作重点，深入研究分析影响生态环境质量的因素，采取政策引导、工程项目、生态补偿等有针对性的措施来达到预期目标，为延吉州经济社会可持续发展提供更好的生态环境基础。

（三）建立生态环境监管长效机制

进一步完善生态环境管理、生态环境建设和生态环境监察等机制体制，充分依靠延吉州以 66 个乡镇街道的 240 个社区为单元所设立的 96 个监管网格，进一步明确网格责任，尽快实现"分块管理、网格划分、责任到人"的环境监管模式，争取实现全州环境监管全覆盖，努力把有限的人力、物力、财力整合为最大的建设合力。

一是建立齐抓共管工作机制。健全生态环境考核奖惩制度，实施生态环境建设"一票否决"制，推行考核结果与选拔任用、评先创优、项目审批、奖励惩处"四挂钩"，增强生态环境建设工作的责任感。二是建立严格的生态保护管控制度，统筹推进生态红线划定工作。根据延边州生态红线划定初步方案，延吉州生态红线面积约为 19 746 km^2，约占全州面积的 53.3%，较大比例的生态红线为有效保护延吉州良好的生态环境奠定了基础。此外，通过划定生态保护红线、建立生态补偿机制等措施，优先保护好完整的森林生态系统、生物多样性保护区等影响地区生态安全的区域。三是扎实有效开展环境监管工作。进一步加强基层环境监管队伍建设，配精配强环境监察队伍，建立健全环境监察网络，加大环境监察力度，加强生态环境应急能力建设，扩大远距离监控覆盖面，全面提高环境监察的实际效果，确保生态环境建设健康有序推进。

（四）加强生态环境建设舆论宣传

对于延边而言，生态环境基础好，为进一步提升延边州生态环境质量，营造全面参与生态环境建设的良好氛围，应该加强正确生态理念的宣传教育工作，通过报纸、电台、电视、网络等大众宣传媒介，广泛宣传生态文明建设的重要意义和有关政策，引导社会公众自觉抵制破坏生态环境的各种不良行为，树立正确行为习惯，逐渐把生态文明建设变成全社会的自觉行动。同时，通过各种形式的载体，让生态文明建设的理念进机关、进社区、进村屯、进学校、进企业，建立起宣传生态建设的长效工作机制，在全社会形成浓厚的氛围。

闵行区以"五违"整治为抓手推进区域
生态环境综合治理的探索与实践

上海市闵行区环境保护局 余 梅

摘 要：本文重点阐述了闵行区"五违"问题的严重性，重点论述了以"五违"整治为突破口，推进区域生态环境综合治理的必要性，然后重点论述了转变城市环境管理方式，通过"大联动+网格化"管理模式加强整治后城市环境综合管理的方法。最后总结了闵行区以拆违为抓手推进区域环境综合治理的经验做法及成效，剖析存在的问题及难点，为其他各省市类似问题提供借鉴。

关键词：五违 生态环境 综合整治

作为上海市重要的工业基地、交通枢纽区以及人口导入区，闵行区始终坚持"经济发展与环境保护并重"的理念，在经济发展跃居上海市前列的同时，环境保护工作也取得了显著成效，先后荣获"国家环境保护模范城区""国家生态区""国家生态文明先行示范区"等称号。然而，随着城市化、工业化的快速推进，城市发展中的一些弊病，如违法用地、违法建筑、违法经营、违法居住、违法排污等"五违"问题不断涌现，已经成为影响闵行区进一步发展，制约闵行区环境质量改善的瓶颈。2015 年 10 月，闵行区委、区政府下定决心"破瓶颈、补短板、促发展"，以"五违"整治为突破口，推进区域生态环境综合治理；同时，进一步转变城市环境管理方式，通过"大联动+网格化"管理模式加强整治后城市环境综合管理，为从源头根治城市发展中积聚的环境污染问题提供了有效途径。近一年来，闵行区通过"五违"整治调整关停了大批低端产业，全区违法排污现象得到有效控制，城区环境面貌和环境质量也得到了进一步改善。本文旨在总结闵行区以拆违为抓手推进区域环境综合治理的经验做法及成效，剖析存在的问题及难点，以提供各省市交流探讨。

一、主要做法和经验

（一）以"三性"原则统领全局

"五违"整治是一项系统性的工作，不仅涉及法律、经济等方面的问题，也牵涉各方面的利益纠葛，必须要有坚定的信心，坚强的组织保障，举全区之力才能顺利推进。整治工作开展前，闵行区委、区政府就多次召开会议研究整治工作框架思路，并由区委书记主持召开区、镇、村三级干部大会统一思想，最终确立以统筹性、区域性、领域性为原则推进"五违"整治的工作思路，并形成以区联动中心为协调推进机构，规划、房管、经济、城管、环保、水务、安监、市场监管等职能部门为领域主体指导"五违"治理工作，街镇为区域责任主体具体实施拆违和区域环境综合整治工作的组织框架。其中，街镇按照"连片整治，整体转型"总体思路，聚焦成块连片、"城中村"、环境污染严重、违法情况突出、群众反映强烈等重点区域，深入排摸梳理，锁定整治目标区域，明确重点整治项目，开展集中整治，做到整治一块、消灭一块、巩固一块。相关职能部门牵头各自领域内涉及"五违"问题的排摸梳理，明确领域整治任务，提出整治标准，指导街镇开展重点区域整治，牵头做好领域内综合整治工作的协调、推进、监督检查、项目验收和相关执法支撑。

（二）以"三项机制"保障整治工作

为了确保"五违"整治工作的顺利实施，闵行区在整治工作中确立了三项保障措施。一是强化组织保障。区职能部门和街镇均建立了由主要领导挂帅的"五违"整治领导小组，层层落实工作责任。区领导小组设置了办公室以及拆违整治、城市安全和市场秩序、结构调整和保障、社会治安稳控、督查问责、宣传发动六个专项组负责具体推进。如社会治安稳控工作组积极协调整治过程中的维稳工作，协调行政执法与刑事司法衔接工作，及时化解矛盾冲突；宣传发动工作组制订专项宣传方案，开展全区动员，营造声势氛围，从而形成统筹协调、分类推进、相互衔接的工作格局。二是健全长效机制。为了确保"五违"整治平稳推进，平衡好各方利益关系，特别是广大村民、居民群众合法合理的利益，在区层面专门研究制定拆违"以奖代补"机制、推进土地减量化政策盘活新增土地指标，以及建立农民长效增收利益平衡机制等政策，全力保障整治推进及整治区域经济社会环境的长效发展。三是强化监督问责。建立区领导联系督办机制，区领导带头联系街镇，并将"五违"整治工作作为区重点督查项目，纳入对职能部门和街镇的年度绩效考核范围。各街镇也将综合整治纳入对村居的绩效考核。同时，区专门制定下发《闵行区违法用地和违法建筑责任追究实施细则（试行）》《关于党员、干部和公职人员带头拆违的工作意见》等文件，将"五违"整治工作纳入区委组织部、区纪检监察部门监督问责体系。

（三）以"三大举措"确保整治实效

为确保"五违"整治工作取得实效，闵行区以问题梳理为基础，以整治标准为纲领，强化部门合作、上下联动，实现了整治工作"齐步走"。以违法排污整治工作为例，主要采取了三方面措施。一是摸清底数。整治工作的前提是查问题、清底数，为确保违法排污整治"全覆盖""无死角"，闵行区立足全区污染源量大面广的实际，在发动各街镇开展地毯式排查的基础上，分别由经济、环保、水务等部门根据各自职责筛选确定整治对象。由区经委按照"高能耗、高污染、高危险、低效益"的原则确定产业结构调整淘汰企业，由区环保局聚焦环境信访集中、环保违法行为高发、环境质量敏感区域确定环境污染整治企业，由区水务局聚焦黑臭河道确定河道两侧清拆整治对象。二是明确标准。为实现整治工作"严要求""齐步走"，在整治工作启动之初，闵行区就针对违法排污对象研究制定了排查整治标准，明确全面清理"未批先建"行为、坚决遏制"直排偷排"行为、严格杜绝"超标排放"行为的整治要求，为整治工作的开展统一了标准。此后针对整治工作中出现的老污染消除，新污染产生，整治不彻底等新情况、新问题，又进一步明确了整治验收标准，对于纳入产业结构调整的企业必须做到排污设备清空、污染消除；对于环境污染整治企业必须做到生产设备清空、污染消除，且所在房屋保留的不得引入新的排污企业，确保整治工作不留"后遗症"。三是多方联动。

加强区镇联动，把违法排污整治与拆违整治相结合，做到"拆庙"和"赶和尚"同步，借助街镇违法建筑整治，以拆促治，从源头上消除污染企业滋生的土壤，从根本上改善地区生态环境质量。加强部门联动，打好政策和执法组合拳，把排污企业关停与产业结构调整、土地减量等工作紧密结合，争取资金政策支持，同时协同水务、安监、市场监管等部门共同开展联合执法，倒逼环境污染企业关停搬迁。此外，加强司法联动，充分运用新环保法"武器"，在传统行政处罚的基础上，加强与公安、检察等部门的司法联动，对于拒不停止违法排污行为的企业采取"行政拘留"手段，对于涉嫌环境污染犯罪的企业采取刑事处理措施，严厉打击违法排污行为。

（四）以"大联动+"实现长效管理

"五违"整治虽然是一个阶段性的工作，但整治后的长效管理却是一项持续性的工作，更是对政府城市环境综合管理能力的考验。目前，闵行区已建立了"大联动+网格化"的城市管理模式，为从源头控制"五违"问题起到了积极作用。一是建立区、镇、村三级管理网络。在区、镇、村分别设立城市管理联动中心，统筹协调各项城市管理事务。并按照村、居、街面等将全区划分成若干个责任网格，并细分到责任块，每个责任网格均配备一定数量的网格巡查员，每个责任块确定1~2个巡查员，每天开展巡查工作，及时发现和处置网格内"五违"事项，切实做到应发现尽发现。对于村居责任网格无法处置的，通过村居大联动平台，上报镇级大联动平台，由街镇组织部门处置力量予以综合处置。对于街镇再无法处置的，则上报区级大联动平台，由区级职能部门予以执法保障。二是强化平台考核监管。目前，闵行区各相关职能部门以及街镇均已纳入大联动平台管理，并根据各自职能对平台上报问题开展处置。区联动中心作为大联动平台的负责部门，对有争议的处置事项起到上下协调、部门协调的作用；并对前端发现不力的村居网格，以及后端处置不力的街镇和部门实施"亮红灯"、定期通报制度；对问题突出的则采取区委、区政府督查和区纪检监察部门督办、问责等方式，确保城市环境长效综合管理的落实。

二、主要工作成效

自 2015 年 10 月启动"五违"整治工作以来，闵行区已累计拆除违法建筑
1 268.66 万 m²，完成违法用地整治 422 宗 5 289.32 亩①，整治无照经营等违法经
营单位 19 330 户，清理群租等违法居住 7 019 户，完成产业结构调整企业 660 家，
关停环境污染企业 717 家，整治工作取得了显著成效。

（一）一些久拖不决的环境问题得到彻底解决

例如，闵行区有名的"城中村"华漕镇许浦村，曾经违章密集、生产生活混
杂、安全隐患突出、污染扰民严重，通过"白+黑""5+2"的集中整治，仅用短
短 51 天就拆除违法建筑 57.2 万 m²，清理关停违法排污企业 126 家，创造了拆违
整治的"许浦速度"，目前许浦村内已拆地块种上了绿化、原本被侵占的道路已恢
复了宽敞整洁，违法排污现象也得到了遏制，环境面貌得到了极大改善。又如，
闵行区浦江镇苏民村、知新村区域，曾是废塑料加工企业的聚集地，废水、废气
直排现象严重，近几年经反复执法整治污染问题始终得不到根本解决，本次通过
环保执法与街镇拆违的同步推进，彻底解决了区域内久治不绝的污染问题。

（二）重点地区的环境风险得到有效控制

例如，位于闵行区境内的黄浦江上游二级水源保护区马桥段，由于村级经济
发展的需要，该地区自 2008 年《水污染防治法》出台前就聚集了大量的五金加工、
机械制造等生产加工型企业，尽管废水已经城市污水管网纳入城市污水处理厂，
但废气无组织排放、危废不规范处置造成流失的情况时有发生，对水源区环境安
全造成隐患。市、区两级环保部门曾多次对该地区开展专项执法，但通过执法赶
走一批企业后又引进一批，始终得不到根治。本次"五违"整治，闵行区将该地
区作为重点整治区域，在环保部门开展执法清理的同时，由镇级层面通过拆违整
治以及谈判回购等方式，进一步控制该地区厂房的使用权，为整治后防止污染回

---

① 1 亩=1/15 hm²。

潮赢得了主动，也使得该地区环境风险做到了基本可控。

（三）群众对环保工作的认可度得到提升

例如，闵行区内黄浦江沿线龙吴路、塘埔路、临沧路一直是混凝土搅拌站，堆场码头的聚集地，这些地区长期以来扬尘污染、道路破损严重，周边群众投诉不断。多年来，环保、城管、交通、建设等部门开展了多次联合执法和集中整治，始终得不到解决。闵行区借助本次"五违"整治的机遇，由区职能部门、当地政府组成联合整治组，开展分类处理，对涉及违法建筑的一律拆除，对无照经营的一律取缔，对有证经营的采取整改措施后予以保留，最终取得了较好的整治成效，目前，区域内扬尘污染问题已得到改善，群众信访投诉也已基本消除。据统计，"五违"整治后，闵行区环境信访投诉量比整治前明显下降约 70%。

（四）污染总量实现削减环境质量得到改善

据不完全统计，通过"五违"整治，闵行区已累计削减废水排放量 156.58 万 t/a、化学需氧量排放量 44.33 t/a、氨氮排放量 17.38 t/a、二氧化硫排放量 59.15 t/a、氮氧化物排放量 20.62 t/a，全区水环境断面达标率比上年同期提高 10.5%、空气质量指数（AQI）比上年同期下降 32.3%，环境质量得到明显改善。

三、存在的问题和难点

尽管"五违"整治工作取得了显著成效，闵行区"城中村"及农村地区环境面貌得到了明显改善，但目前镇村层面重经济轻环保的思想仍然存在，加之镇村环保监管力量薄弱，镇村一级在违法排污长效整治及管理方面的推进力度还比较弱。

（一）污染回潮问题仍然比较严重

尽管闵行区已将违法排污纳入"大联动"网格化管理事项，要求街镇、村居加大对违法排污现象的排查发现，但街镇、村居的工作重点还主要在违法建筑、违法用地等的处置方面，目前仍有大量违法排污企业游离在监管视线范围外，群众举报投诉仍是发现的主要途径之一。此外，前期通过整治关停污染企业腾出的厂房又被招租引进新的污染企业的现象也还在发生，导致违法排污情况难以彻底根治。

（二）有证建筑内违法排污问题仍然比较普遍

尽管通过"五违"整治，拆除了大量的违法建筑，但保留下来的有证建筑，有些产权属于私人所有，这部分厂房招租不受政府控制，普遍存在违法招租现象，因此引发的违法排污问题比较严重，有待进一步解决。

（三）基层环保监管力量比较薄弱

违法排污问题的及时发现和快速处置，必须依靠街镇、村居的力量。但目前基层环保监管人员普遍不足，监管能力也有待提高，进一步制约了违法排污问题在基层的控制和解决。

四、后续工作方向

下阶段，闵行区将在"五违"整治的基础上，进一步总结"五违"整治经验，同时针对整治后出现的新问题、新情况，进一步深入推进"五违"问题特别是违法排污问题的解决及长效管理，进一步深化城市环境综合管理。

（一）建立引导机制

加强对街镇整治后续开发利用的指导，就整治后地块及保留厂房的后续开发利用，研究出台环境保护指导意见，从污染控制等角度提出建议。同时，进一步加强对街镇、村居招商人员的培训力度，促使其切实把好招商引资关，从源头控制污染。

（二）深化管控机制

做深做实"大联动+环保"工作，进一步加强对现有街镇、村居环保及大联动巡管员的业务培训，使其全面掌握违法排污行为发现及处置技能，同时在条件成熟时推动环保执法下沉，建立独立的街镇环保机构，增加街镇环保人员，切实发挥村居前端发现、快速处置，街镇综合管理的职能，实现环境监管网络的全覆盖。

（三）严格奖惩机制

将违法排污防控工作纳入街镇环保目标责任考核，将长效管理不善、整治后污染回潮等情况列入扣分项，对造成重大环境污染事故的实施"一票否决"。同时，进一步研究对违法排污问题突出、超总量排放的镇村，采取环保区域限批措施，督促镇村加强违法排污长效管理。

彰显生态特色　积累生态财富　建设绿色扬州

——关于提升扬州市生态文明建设水平的几点思考

江苏省扬州市环境保护局　孙魁明

摘　要：面对生态文明建设的新形势、新任务、新要求，针对扬州市生态文明建设现状，提出主攻"三大工程"、打好"三大战役"，建设绿色生态扬州的具体措施。

关键词：生态文明建设　转型升级　绿色生态扬州

坚持绿色发展、推进生态文明建设是党的十八届五中全会提出的五大发展理念之一。扬州作为东部发达地区中等经济发展水平的代表城市，近年来始终坚持"绿水青山就是金山银山"的理念，积极探索生产发达、生活富裕、生态良好的生态文明建设之路，作了很多有益的实践和尝试，取得了一定的经验和实绩。面对生态文明建设的新形势、新任务、新要求，扬州市理应进一步摸清现状、找准发力点，纵深推进生态文明建设，努力打造美丽宜居新扬州。

一、扬州生态文明建设现状

"十二五"以来，扬州市坚持"环保优先、生态为基"理念，大力推进生态文明建设，取得明显成效。扬州先后荣获国家生态市、国家森林城市、国家园林城市等荣誉称号，被列为全国水生态文明城市、国家生态文明先行示范区建设试点城市之一，人民群众对良好生态环境的获得感、认可度不断提升。全市 COD、氨氮、SO_2、氮氧化物 4 项主要污染物排放量比 2010 年分别削减 11.7%、12.9%、12.44%、17.1%，完成长江、淮河流域水污染防治工程 37 项，市区空气质量优良天数比例逐年提高到 67.9%，36 个国控、省控断面优于Ⅲ类水质比例逐年提高到 63.9%，11 个县级以上饮用水源地水质达标率保持 100%。

新常态要求更有质量效益的增长，这对扬州市生态文明建设提出了新的挑战，特别是一些深层次、结构性的矛盾问题需要引起高度重视：一是转型升级步伐有待加快。重工业占规模以上工业比重持续上升，2014 年比"十一五"末上升了 4.6 个百分点，而同期全省重工业比重下降了 1.9 个百分点，如果不扭转这一局面，必将加剧经济总量增长与环境容量约束的矛盾。二是环境质量还需改善。"十二五"时期全市地表水国控、省控断面好于Ⅲ类水质比例一直在 50%～60%徘徊，要实现国务院《水污染防治行动计划》提出的 2020 年达到 70%的目标，难度很大。三是区域环境风险依然存在。固废处置和危化品监管能力相对薄弱，一些饮用水源地安全隐患仍然存在，区域环境风险隐患有待解决，等等。

展望 2017 年和"十三五"，要推动全市生态文明建设再上新台阶，要求我们必须牢固树立绿色发展、绿色富国、绿色惠民理念，以提高环境质量为核心，以最严格的环保制度为保障，以体制机制创新为动力，坚持精准治理、系统治理、协同治理，不断促进环境改善和生态财富积累。

二、主攻"三大工程"、打好"三大战役"，建设绿色生态扬州

（一）实施蓝天工程、打好控霾战役

2016 年，全市 $PM_{2.5}$ 年均浓度比 2013 年下降 13%；预计到 2020 年，空气环境质量优良率达 75%。一是大力发展新产业。大力发展绿色环保产业、战略性新兴产业和现代服务业，调轻调优调绿产业结构，市区重点抓好"退城进园"扫尾，2016 年实施扬农、联环药业、裕华等剩余市直 8 家企业，全面推进各县（市）城区重污染企业转型搬迁。加快园区循环化、生态化改造，2017 年全市所有省级以上园区全部完成循环化改造；2020 年，全市 38 个市级工业集中区的 50%完成循环化改造，实施循环经济试点项目 100 个，全市省级以上工业园区创成国家或省级生态工业园，其中 2016 年维扬经济开发区、高邮经济开发区分别创成国家、省级生态工业园。二是积极采用新能源。加快能源结构调整，逐年压减煤炭、石油

用量，提高太阳能、电、天然气等清洁能源的使用比重。到 2017 年，全市煤炭消费总量控制在 1 381 万 t 标煤，煤炭占能源消费总量比重降低到 65% 以下，一次性能源消费中非石化能源占比提高到 8.03% 以上。加快机动车"油改电""油改气"步伐，在出租、公交等公共服务领域和政府机关率先推广使用新能源汽车，2016 年推广使用新能源汽车 800 辆。三是广泛使用新技术。2016 年完成化工等 6 家企业泄漏检测与修复（LDAR）技术运用及 25 家化工、表面涂装等行业挥发性有机物综合整治，完成二电厂 2 号、4 号机组超低排放技术改造，对 10 蒸吨以上燃煤大锅炉采用最新脱硫、脱硝技术进行提标改造。围绕化工、建材、金属压延等重点行业，推广应用关键共性清洁生产先进技术，2016 年完成 80 家企业的清洁生产审核。四是靠采取新举措。以治理施工扬尘污染为目标，严格执行"三管一重一评比"管理办法，对施工场地实行标准化管理，对渣土运输实行全过程管理。以治理机动车尾气污染为目标，严查擅闯限行区域的黄标车和"冒黑烟"车辆，实施市区交通畅通疏解工程，减少车辆道路停泊带来的尾气污染。推进港口码头岸电系统建设工程，完成 3～4 个沿江、沿河岸电项目和小容量接电设施。加强秸秆禁烧和综合利用，制定出台秸秆禁烧和综合利用奖补政策，构建完善的秸秆收贮体系，秸秆综合利用率达 90% 以上。五是切实践行新理念。贯彻绿色理念，深入开展大气污染防治突出问题专项整治。倡导绿色出行，提高公共交通分担率，减少机动车尾气污染。推行绿色餐饮，2016 年集中整治 1～2 条餐饮集中街区，督促餐饮大户安装油烟净化装置并保持正常使用。鼓励绿色过节，春节等重大节庆期间禁放烟花爆竹。

（二）实施碧水工程、打好治水战役

2016 年，全市地表水水质优良比例达 55% 左右；到 2020 年力争达 70%。重点实施"五水共治"工程：一是治污水。继续推进"清水活水"工程，2016 年全面完成市区沙施河、七里河、念泗河综合整治，启动槐泗河、吕桥河等城市外围河道整治，各县（市）城区同步整治 1～2 条黑臭河道，进一步放大"清水活水"效应。开展古运河、江都新通扬运河、仪征胥浦河等水质不达标河道达标行动，确保全市大江大河水质持续保持良好。建立健全河道长效管护机制，对已整治河道进行常态化维护管理。实施"截污清流"工程，对全市现有城市污水处理设施实施提标改造，实现达到一级 A 排放标准全覆盖；加快乡镇污水处理厂配套截污管网建设，提高污水收集率和正常运转率。到 2019 年，县城、城市污水处理率将分别达到 85%、95% 左右；2020 年，城市建成区实现污水全收集、全处理。加强农业面源污染、特种养殖污染和畜禽养殖污染防治，减少农业生产的水体污染。二是防洪水。开展农村河道疏浚整治，2016 年完成县乡骨干河道轮浚 80 条，土方 500 万 m^3，村庄河塘轮浚 900 条，土方 400 万 m^3。改善农田水利基础设施建设，2016 年更新改造小型灌排泵站 255 座、涵闸 91 座，兴建防渗渠道 192 km，配套渠系建筑物 8 905 座。三是排涝水。继续推进"不淹不涝"城市建设，"十三五"期间开展古运河外排泵站、长江镇扬河段三期、乌塔沟上段整治等重大水利工程建设。四是保供水。深化"区域供水"工程，实行从水源到水龙头全过程监管饮用水水质；对全市 16 个集中式饮用水水源地实行严格保护，坚决取缔环境安全隐患，确保饮水安全万无一失。五是抓节水。科学保护水资源，实施高邮湖、宝应湖、邵伯湖等国家良好湖泊保护工程。实施最严格水资源管理，控制用水总量，对纳入取水许可管理的单位和其他用水大户实行计划用水管理。抓好工业节水、城镇节水、农业节水，不断提高用水效率。到 2020 年，全市万元 GDP 用水量、万元工业增加值用水量比 2013 年分别下降 35%、30% 以上。

（三）实施绿化工程，打好绿色战役

2016 年，成片造林 1.5 万亩，植树 500 万株，市区建成区绿化覆盖率和绿地率分别达 43.8% 和 41.3%；全市林木覆盖率达 23.5%；2020 年，市区建成区绿化覆盖率和绿地率将分别达 44% 和 41.8%，全市林木覆盖率达 24%。重点抓好五大建设：一是生态中心建设。进一步细化生态中心建设工作目标，梳理发展重点，按序时推进宝应湖、高邮清水潭、仪征枣林湾、江都仙城等 9 大生态中心建设，2020 年全面建成。二是绿色走廊建设。规划建设江淮生态大走廊，重点实施区域生态红线保护、植树造林、河湖湿地生态修复和流域水污染防治，确保南水北调输水水质安全。结合全国水生态文明示范市创建和市政道路新建改造，大力推进水系生态廊道和道路生态廊道建设，同时做好节点和出入口绿化。2016 年重点实施邗江南路、金湾路、文昌西路西延仪征段等道路绿化，同时大力推广"以林养河、以河兴林"模式。三是生态家园建设。在城市大力推广居住区绿化和公园绿地建设，在农村继续推进"绿色村庄秀美家园行动"，2016 年市区每年新增城市绿地 100 万 m²，全市新建省级绿化示范村 40 个，庄台绿化覆盖率达 30%以上。四是公园体系建设。推进廖家沟中央生态公园、三湾公园、扬子津公园等市级公园和竹西公园、九龙湖公园等区级公园建设，按照 300～500 m 服务半径布置社区公园，形成分布均衡、大中小合理搭配的公园体系。五是生态湿地建设。2016 年恢复湿地 4 000 亩，新建高邮清水潭国家级湿地公园 1 个、高邮湖等省级湿地公园 2 个、湿地保护小区 2 个。到"十三五"末，全市新建 2 个国家级湿地公园、2 个省级湿地公园、6 个湿地保护小区，自然湿地面积稳定在 212 万亩，保护率达 50%以上。

三、推进生态文明建设的保障措施

一是加强组织领导。生态文明建设是当前和今后一个时期全市工作重心之一，必须切实加强组织领导，坚持"党政同责、一岗双责"，一手抓经济建设，一手抓生态文明建设。加大对生态文明建设的考核力度，实行党政正职考核、部门目标考核制度，不断提高生态文明建设在政绩考核中的比重，推动生态文明建设与领导干部的奖惩、任免、晋升直接挂钩。

二是加强监督检查。强化对生态文明建设工作的党政督查，由市委办、市政府办督查室定期督查和通报工作进展情况及排名。强化舆论监督，把生态文明建设重点工程项目完成事项进行媒体公示，主动接受社会监督。邀请社会各界代表、服务对象对生态文明建设情况进行公开评议，检验群众满意度。主动接受人大、政协监督，邀请人大代表、政协委员围绕重要议题开展视察、协商和调研活动，推动重点、难点问题的协调解决。

三是加强制度创新。加快河道环境保护工作方面的地方性立法，着手研究大气和水污染防治、城市绿化、湿地保护等方面立法研究，作为今后制定地方性法规的储备。健全生态补偿机制，重点探索建立全市主要河流及跨镇行政区河流交界断面生态补偿机制，积极推行排污权有偿使用和交易机制。加强水、大气、土壤污染防治联防联控，形成区域联动、部门协作的工作格局。

四是健全投入机制。将环保投入列为公共财政支出的重点予以保障，逐年加大投入力度，确保财政对环保投入的增幅高于经济增速。建立完善多元化投融资机制，按照"谁投资、谁受益"的原则，鼓励和吸引有实力、有实绩的社会资本参与污水、垃圾处理等设施的建设运营，同时积极探索利用国债资金、开发性贷款、国际组织和外国政府贷款等融资渠道，缓解资金压力。

五是全民共建共享。探索以社会共治促进环境良治新模式，通过建立健全信息公开、公众参与、有奖举报等制度，形成政府、企业、公民的良性互动，构建新型环境公共关系。继续深入推进绿色学校、绿色宾馆、绿色企业等十大绿色创建活动，把绿色生态文明理念渗透到全社会的每个角落。加强对环保志愿者、公众环保监督员等环保民间组织的管理和引导，鼓励和支持他们理性开展各类环保公益活动，形成强大的生态文明建设民意基础。

论"两山"重要思想引领环境保护
在湖州的生动实践

浙江省湖州市环境保护局 饶如锋

摘 要：古往今来，"天行有常""天人合一""道法自然"的哲理思想，无不透露着质朴睿智的自然观，鲜明地阐述了尊重自然、顺应自然、保护自然的生态文明理念，给人以深刻启迪。习近平总书记用绿水青山喻指生态环境，用金山银山喻指经济发展，把生态与经济的关系比作"两座山"之间的关系，充分体现了辩证唯物主义、历史唯物主义的世界观和方法论，形象表达了党和国家推进生态文明建设的鲜明态度和坚定决心。湖州市环境保护工作以"两山"重要思想为引领，坚持在发展中保护、在保护中发展，实现经济发展与生态环境相协调，实现环境美与百姓富浑然一体、和谐统一、良性循环，为建设现代化生态型滨湖大城市、高水平全面建成小康社会夯实了生态环境基础。

关键词：绿色发展 生态保护 环境治理 "两山"重要思想

"两山"重要思想深刻阐明了生态环境与生产力之间的关系，充分体现了辩证唯物主义、历史唯物主义的世界观和方法论，形象表达了党和国家推进生态文明建设的鲜明态度和坚定决心，也为环保部门做好当前和今后一个时期环境保护工作提供了重要遵循。

湖州是"两山"重要思想诞生地、中国美丽乡村发源地、"生态+"建设先行地，是环太湖地区唯一因湖得名的城市，成功创建了国家环保模范城市、全国水生态文明城市建设试点城市，被列为全国生态文明建设试点市，并成为全国首个地市级生态文明先行示范区。2005 年 8 月 15 日，习近平总书记在湖州市安吉县调研时，发表了具有里程碑意义的"绿水青山就是金山银山"的重要讲话。"两山"重要思想首次在湖州提出，体现了总书记对湖州环境保护工作的极大关怀和寄予的殷切期望。"绿水青山就是金山银山"不仅是一套科学理论，而且是一部行动指南，对环境保护工作具有很强的现实意义和引领作用。

一、坚持目标导向，全面树立"绿色发展"的坚定态度

"两山"重要思想贯穿于社会经济发展始终，坚持保护是根本前提、发展是根本目的、转型是根本路径、稳定是根本保障的辩证统一，实现"生态优先、科学发展、赶超跨越"。

（一）必须守住环境这条"生命线"

深刻认识环保是第一民生，良好的生态环境是民心所向。面对环境保护工作的新形势、新任务，全市环保部门主动看齐、积极作为，立足自身查短板，狠下功夫抓整治，先后开展了农村环境连片整治、五水共治、四边三化、农业面源污染治理、四大行业整治、黑烟囱整治等全域化整治，推动了区域环境的持续好转，进一步彰显了湖州的生态魅力。2015 年，全国生态文明现场会在湖州召开，把生态环境治理湖州模式向全国推行。同时，以史上最严《环境保护法》的实施为契机，强化日常监管，严格环境执法，深化教育引导，培育生态文化，切实达到不敢违、力争不能违、实现不想违。注重源头管理、过程治理，坚决杜绝以牺牲资源环境为代价实现发展，确保在生态环保问题上不越雷池半步。2005 年以来，通过提前介入，湖州市共对不符合环保要求的 460 个项目予以否决，涉及投资 72 亿元。

（二）必须牵牢发展这个"牛鼻子"

保护生态环境就是为后代着想、为历史负责，也是为发展提供动力、增添后劲。环境保护工作既要做生态保护的加法，更要做生态利用的乘法，在大力发展生态经济的过程中把握机遇、创造机遇，自觉践行"生态立市"的战略部署，以"生态+"理念提升产业发展，把生态优势转化为产业优势、经济效益和城市品牌，促进产业结构变"新"、发展模式变"绿"、经济质量变"优"，实现"绿水青山"

与"金山银山"相得益彰。注重美丽经济转化，让人民群众在践行"绿水青山就是金山银山"中获得了"生态红利""绿色福利"。2015 年，全市乡村旅游接待游客 3 218 多万人，直接经营收入 64.8 亿元，带动作用明显。

（三）必须发挥转型这一"总引擎"

注重发展理念的转变，进一步提升对发展的规律性认识。山清水秀但贫穷落后不是发展目标，生活富裕但环境退化同样不是奋斗目标。全市环保部门严格执行环境功能区划和生态环境空间管制要求，着力优化了生产力空间布局，建立健全了新上项目"6+X"联审、"环评一票否决"等严控机制，严守生态红线。通过开展重污染高耗能行业整治系列行动，促进产业集聚、企业提升。十年来，全市累计关闭取缔企业 1 900 余家，共腾出 110 余万 t 标煤的用能空间，实现了"腾笼换鸟"、转型发展。如长兴县蓄电池企业从 175 家减少到 16 家，但行业产值增长 14 倍，税收增长 6 倍，涌现了天能、超威两家销售超 500 亿元的上市企业，"关"出了民生，"转"出了效益。

（四）必须把好稳定这道"保障阀"

生态兴则文明兴，文明兴则社会安。湖州市环境保护工作坚持以人民期盼为出发点，以人民满意为检验标准，标本兼治，综合治理，持续打好生态环境提升组合拳，使湖州的天更蓝、地更绿、水更净、空气更清新，让老百姓真正感受到生态建设带来的显著变化。近年来，全市未发生重大环境问题，为"平安湖州、和谐湖州"建设奠定了坚实基础。同时，以 G20 杭州峰会、乌镇世界互联网大会环境保障工作为重点，坚持源头严控、过程严管、后果严惩，强化监管执法和考核问责的刚性，有力地推动了环境秩序规范、环境安全稳定、环境质量提升。

二、坚持实绩导向，系统谋划"美丽湖州"的科学路径

"两山"重要思想是实现湖州环境保护的指路明灯，全市环保部门始终以"干在实处永无止境、走在前列要谋新篇"的担当，继续保护生态环境走在前列。

（一）坚持规划引导

生态环境改善不可能一蹴而就，需要系统工程思路抓生态建设，持续发力，久久为功。湖州从"建设四区一市"到"现代化生态型滨湖大城市"，是生态实践的接力，也是生态建设的深化，坚定不移举生态旗、打生态牌、走生态路，把生态文明理念融入了空间布局、基础设施、产业发展、环境保护等各个领域，先后制定出台了《生态市建设规划》《生态环境功能区规划》《生态文明建设规划》等总规和低碳城市建设、循环经济发展等系列专规。同时，围绕"十三五"生态规划编制，深入分析全市环境容量和发展需求，明确环境资源配置利用方向和路径，真正把宏伟蓝图变成美好现实。2014 年，湖州市成为全国唯一经国务院同意的地市级生态文明先行示范区，把湖州市生态文明建设上升为国家战略，提到了前所未有的高度。

（二）坚持思想引领

生态建设是场持久战，环保部门作为主管部门，必须牢固树立等不起的紧迫感、慢不得的危机感和坐不住的责任感，抓紧抓实环境保护主体责任。以"五大发展理念"为引领，有效探索"绿水青山就是金山银山"的变革方式，切实推进经济生态化、生态经济化，充分释放生态红利。建立健全生态考核问责机制，发挥考核"指挥棒"作用，将"绿色 GDP"纳入对县区和市级部门考核体系重要内容，推行三级绿色生态考核办法和乡镇分类考核办法，提高资源消耗、环境损害、生态效益等指标权重，生态文明建设内容占县区党政实绩年度考核比重达到 30%。与此同时，实行领导干部生态环境保护"一票否决制"和环境损害责任终身追究制度，切实推进环境保护工作真重视、严落实。

（三）坚持合力引动

抓生态建设须出实招、动真格，抓环境治理要敢为先、有所为。按照省委、省政府"两美浙江"部署，2015 年湖州市全面启动"811"美丽湖州建设行动，重点开展绿色经济、节能减排、污染防治、生态屏障等 11 个专项行动，打出了一套具有湖州特色的环境治理"组合拳"。全面推进治污水、防洪水、排涝水、保供水、抓节水为重点的"五水共治"，在全省率先消灭市控以上Ⅴ类和劣Ⅴ类水质断面、率先实现镇级污水处理厂全覆盖，2016 年将全面完成农村生活污水治理。经过努力，全市市控以上监测断面Ⅲ类以上水质比例达 94.3%，入太湖水质连续八年保持Ⅲ类以上，连续两年夺得代表浙江省治水最高荣誉的优秀市"大禹鼎"。如狠抓太湖流域水环境综合治理，总投资近 100 亿元，关停搬迁沿岸所有工业涉污企业，加快生态建设，发展旅游经济，2015 年太湖旅游度假区成功创建为国家级旅游度假区。在全省率先实施大气污染防治，开展大气污染源解析研究，突出"治扬尘、治废烟、治尾气"重点，连续两年实施治霾"318"攻坚行动，空气质量指数明显提高，$PM_{2.5}$ 日均浓度持续下降。通过驰而不息抓环境治理，唐代诗人张志和笔下湖州"西塞山前白鹭飞，桃花流水鳜鱼肥"的美丽景象又重新展现。

（四）坚持改革引路

全面深化改革，推动环保工作体制机制创新，加快实现环保工作规范化、常态化、长效化。开展生态补偿机制，出台《关于建立生态补偿机制的意见》，设立湖州市生态补偿专项资金，仅市本级财政累计安排生态建设专项资金达 5.18 亿元，生态补偿专项资金达 9 280 万元。实行环境资源有偿使用，出台交易办法和实施细则，按照"以新带老、新老有别"原则，确定了化学需氧量、二氧化硫、氨氮、总磷 4 项指标。截至目前，全市已有 1 021 家企业实施排污权有偿使用和交易，涉及资金 1.86 亿元。建立跨区域协作机制，在全省首创跨设区市交界区水环境联防联治模式，联合签署《湖州—嘉兴环境友好区域协作协议书》，构建"信息共享、责任共担、生态共建"和"环境联控、污染联治、区域联动、指挥联合"的环境边界执法协作机制，有效应对潜在和不确定的环境污染突发事件。

三、坚持责任导向，努力交出"生态文明"的满意答卷

"两山"重要思想体现着最普惠的民生福祉，环境保护工作必须凝聚各方的智慧和力量，切实形成环境保护工作的思想自觉、行动自觉和政治自觉。

（一）始终保持创新破难的闯劲

离开经济发展抓生态保护是"缘木求鱼"，脱离生态保护搞经济发展是"竭泽而渔"。按照市委、市政府"建设美丽湖州、创造美好生活"的决策部署，做深做细生态文章。开展以科学规划布局美、创新增收生活美、村容整洁环境美、乡风文明素质美、管理民主和谐美及宜居、宜业、宜游的"五美三宜"建设，全力打造美丽乡村升级版，湖州市安吉县主导制定的《美丽乡村建设指南》成为全国首个美丽乡村建设国家标准，美丽乡村建设在全国产生一定影响。有序推进生态创建，自 2006 年安吉县被命名为全国首个国家生态县以来，全市已在全省率先实现国家级生态县（区）全覆盖，并连续 4 年获得生态省考核优秀。目前，全市 80%以上乡镇获得国家级生态乡镇，累计建成国家级生态乡镇 47 个、国家级生态村 2 个。

（二）始终保持只争朝夕的干劲

面对人民群众从"求温饱"到"盼环保"、从"谋生计"到"要生态"的转变，我们始终保持实的作风、真的担当，以"破釜沉舟"的魄力、"壮士断腕"的勇气和"虎口夺食"的精神，切实抓好环境保护各项工作。重点做好三篇文章：一是做好"保护"文章，做到经济建设与生态建设一起推进、经济竞争力与环境竞争力一起提升、物质文明与生态文明一起发展，严格实施生态环境功能区规划，对各类生态功能区实行差别化的区域开发和环境管理政策，切实守牢生态保护红线、构筑生态屏障；二是做好"治理"文章，坚持防治结合、标本兼治，有效治理"低小散"，彻底消除"黑臭脏"；三是做好"长效"文章，全面落实"河长""警长"治水、"无违建"创建、"一把扫帚扫到底"、环境监管网格化管理等行之有效的工作举措，不断提升环境治理成效，切实提升城乡居民的幸福感和满意度。

（三）始终保持遇事担当的韧劲

中央《关于加快推进生态文明建设的意见》指出，要加快建立源头预防、过程控制、损害赔偿、责任追究的生态文明制度体系，用制度保护生态环境。湖州市在全国率先启动编制《自然资源资产负债表》，对 2011 年以来 5 个公历年度自然资源实物存量、变动情况、价值量等情况编制资产负债表，实行对领导干部任职期间内自然资源资产的开发、利用、保护等受托管理行为的真实性、合法性进行审计，有效地推动领导干部切实履行自然资源资产管理和生态环境保护责任，真正给领导干部戴上了"紧箍咒"。保持环境执法高压常态化，持续深入开展"天网"系列专项行动，强化司法部门联动，综合运用限产限排、停产整治、停业关闭、行政拘留、查封扣押等行政手段，为规范环境秩序、维护环境安全、保障环境质量提供有力支撑。通过制度管、合力治，切实做到在重典治污上不讲变通、在生态修复上不打折扣、在环境整治上不留退路，着力构建"绿色发展"新优势，奋力绘就"美丽湖州"新画卷。

谁说环保会阻碍生产力的发展？

安徽省阜阳市环境保护局　史　春

摘　要：一些人错误地认为，环境保护会阻碍生产力的发展。山东造纸业"浴火重生"，化学需氧量排放减少 80% 以上，而产能连续多年全国第一，说明环保不但不会阻碍生产力的发展，还能实现经济发展和环境保护的"双赢"。以环境标准倒逼高污染、高排放行业转型发展的是一条可行路径；环保标准越来越高、措施越来越严，将成为环保工作的"新常态"。

关键词：环境保护　生产力　发展

2015 年 8 月 1 日，《人民日报》以山东造纸业"浴火重生"为题，报道了山东 12 年前在全国率先实施逐步加严的环保排放标准，倒逼出造纸业"浴火重生"。山东造纸企业从 1 000 余家减少为目前的不到 300 家，化学需氧量排放减少 80% 以上，而产能连续多年排在全国第一。山东造纸，成为我国环保治污的一个成功范例。

这个案例说明，环保不但不会阻碍生产力的发展，还能实现经济发展和环境保护的"双赢"。实践表明，环保压力能够转化为转型动力。加强环境保护，对于一个地方而言，短期来看有"阵痛"，但从长期来看，不仅不会影响经济发展，而且可以促进转型升级和经济发展。

最近，山东省临沂市铁腕治污，引发了社会舆论的广泛关注。于是，一些人错误地认为，加强环境保护，会阻碍生产力的快速发展。其实十几年前山东整治造纸污染时的情形，和今天的临沂治污何其相似。目前，我国像临沂这样亟须强力治污、亟须转型升级的地区还有不少。这个案例可供学习借鉴。

笔者认为，山东造纸业在严格的环保标准倒逼下，实现转型升级，对于面临转型升级压力的地区、行业和企业，具有借鉴意义。

一、当前首先要提高对环境保护工作重要性的认识

环境保护是我国的一项基本国策。党的十八大明确提出，将生态文明建设纳入中国特色社会主义事业"五位一体"总体布局。如今，党中央、国务院推进生态文明建设和环境保护的力度前所未有。对"绿水青山就是金山银山"已形成共识。在新常态下，各地区、各企业要提高对环境保护工作重要性的认识，不能再走过去那种拼资源、拼环境的发展模式。《环境保护法》明确的法律底线不可逾越，生态红线不可触碰，要发展必须是绿色发展，只有通过优化经济发展和转型升级、治理污染，污染企业才能有出路。

二、以环境标准倒逼高污染、高排放行业转型发展是一条可行路径

国家已出台《水污染防治行动计划》，俗称"水十条"，将造纸列入十大水污染重点行业治理范围，并要求关闭环保设施差的小型企业。作为古代四大发明之一的造纸业正面临更为严峻的环保标准限制。

"水十条"指出，2017 年年底前，中国造纸行业力争完成纸浆无元素氯漂白改造或采取其他低污染制浆技术；到 2020 年，造纸等高耗水行业达到先进定额标准。对于中小型造纸企业而言，如果再不做出改变，这一计划及其所提出的标准已基本划定其生命周期。但对于像山东造纸业这样的企业来说，这可能是一个"好消息"。因为，环保标准越严格，就越能促进市场公平竞争，促进企业升级转型，最终实现优胜劣汰，将技术落后、规模小的污染企业淘汰，实现经济和生态效益"双赢"。

据介绍，麦草制浆造纸的污染以往很难处理，其黑液治理在全世界都是难题。山东造纸业曾经一个造纸厂污染一条河，如今攻克黑液治理世界难题，将麦草制浆造纸工厂开到了美国。山东泉林纸业被美国弗吉尼亚州引进设厂，其 60 万 t 麦草制浆造纸项目，还得到了州政府的 500 万美元奖励。

目前，通过企业升级转型，山东造纸年产量 10 万 t 以上企业有 28 家，100 万 t 以上企业有晨鸣、华泰等 6 家，合计产量占到全省总产量的 91%，其中晨鸣、华泰、太阳已进入世界造纸业前 50 强。

三、环保标准越来越高、措施越来越严，将成为环保工作的"新常态"

面对市场和环保的双重压力，不少企业仍抱有幻想，希望环保部门的环境执法能宽松一点。山东造纸业一位老总说得非常形象：如今环保就像一只穷追不舍的猛虎，如果企业没能跟上新形势，跑慢了，就会被环保这只猛虎咬一口甚至被咬死。今年史上最严的新《环境保护法》实行以来，众所周知，一些污染严重的企业已被环保这只猛虎咬死。

严格的环保要求倒逼企业转型升级，可以预见，在环保浪潮中，有的企业会被"大浪淘沙"所无情淘汰，有的企业通过环保关后，会浴火重生，增强活力和市场竞争力，变大变强。我们希望更多的企业成为后者。

关于福建省宁德市"十三五"生态文明建设的几点思考

福建省宁德市环境保护局 罗樟麟

摘　要: 总结了宁德市"十二五"生态文明建设的成效,对宁德市面临的压力与挑战进行了分析,有针对性地提出加快环保体制机制改革、筑牢生态环境安全屏障、集中力量推进污染防治、大力发展低碳循环经济、营造共建生态文明氛围等生态文明建设对策措施。

关键词: "十二五"生态文明建设　"十三五"重点工作

宁德俗称闽东,地处福建省东北部沿海,现辖一区、两市、六县和一个国家级经济技术开发区,土地面积 1.35 万 km²,人口 349 万。全市生态环境优良,森林覆盖率 66.99%,位居福建省第四位,大陆海岸线长 1 046 km、占全省的 28.35%,海域面积 4.45 万 km²、占全省的 1/3,境内沙埕港和三都澳可供建 5 万~10 万 t 级泊位港口,占全省 6 处天然深水港湾的 1/3。随着海峡西岸经济区发展规划、环三都澳区域发展规划和"六新大宁德"战略的加快实施,特别是福建省成为首个国家生态文明试验区后,宁德面临新一轮的发展机遇。如何在保持经济社会快速发展的同时,保护良好的生态环境,推进生态文明建设,对宁德未来发展具有重要的现实指导意义。

一、宁德市"十二五"工作成效

（一）环境质量总体位居全省前列

全市主要水系水质良好，交溪、霍童溪、闽江和敖江古田段 13 个国控、省控水质监测断面，水质功能达标率为 100%，水质年均值达到或优于Ⅲ类；中心城区 3 个集中式生活饮用水源地及 8 个县（市）、10 个县级集中式生活饮用水源地水质达标率均保持 100%，古田水库水域功能达标率为 100%。中心城区和各县（市）大气环境质量均达到或优于二级标准。城市声环境和辐射环境质量基本保持稳定。中心城区和各县（市）生态环境质量保持为优。

（二）生态市建设有效推进

生态市建设工作机制进一步完善，柘荣县通过国家生态县考核验收，周宁县、屏南县、霞浦县获得省级生态县命名，福安市、寿宁县、蕉城区、古田县、福鼎市通过省级生态县（市、区）验收，实现省级生态县（市、区）创建工作全覆盖。全市共有 110 个乡镇获得省级以上生态乡镇命名（其中命名国家级生态乡镇 33 个），市级以上生态村 1 767 个（其中命名省级生态村 217 个），分别占全市乡镇、村总量的 92.4% 和 82.8%。

（三）治污减排持续深入

"十二五"期间化学需氧量、氨氮、二氧化硫、氮氧化物等 4 项主要污染物减排任务全面完成。全市生活、工业、农业、交通领域减排和监管措施进一步落实，新扩建 7 座县城污水处理厂和 26 个乡镇污水集中处理设施，新增日处理生活污水能力近 12 万 t；新扩建 7 个工业集中区污水处理厂，督促大唐宁德电厂建成脱硝设施、完善脱硫运行，福建鼎信系列项目建设烟气除尘脱硫设施；全市共完成全过程综合治理规模化养殖场 95 家；累计淘汰黄标车及老旧机动车 16 714 辆，中心城区非环保机动车标志车辆限行面积扩展到 5.17 km^2、占城区面积的 23%。

（四）农村环境保护取得新进展

组织实施农村家园清洁、农村环境综合整治、宜居环境建设等行动，美丽乡村建设步伐加快。2011 年以来，实施农村环境综合整治项目 8 个，13 个乡镇的53 个行政村生活污水处理率提升至 70%以上，生活垃圾清运率达到 100%，生活垃圾无害化处理率达到 90%以上。全市 112 个乡镇、2 172 个村通过省级家园清洁行动验收，实现家园清洁行动乡（村）全覆盖。

二、面临的压力与挑战

（一）保持优质生态环境的压力增大

虽然水环境质量总体保持良好，但Ⅰ～Ⅱ类的优质水比例近几年呈现下降趋势。沿海农村面源污染、城镇生活污染以及三都澳湾内鱼排养殖密集，导致近岸海域水环境达标率较低。大气环境质量受本地源和外来源的双重影响，优良天数比例有所波动，并偶发雾霾天气。"十三五"期间，随着经济发展将进一步加快，需要占用生态空间和环境容量，而国家、省里要求各项环保指标不下降、还应当有所提高，环保压力越来越大。

（二）总量指标约束更加凸显

宁德市 1 000 多家规上工业企业中，多为中小型企业，总量基数低，节能减排空间小。未来 5 年，宁德市仍将是经济高速增长、城镇化快速推进的跨越发展阶段，带来的污染排放新增压力处于高位水平。而前期快速工业化累积的一些环境问题尚在攻坚，新老问题、新旧压力叠加，应对难度明显加大。

（三）环保基础设施建设仍然薄弱

部分城市建成区污水管网仍未全覆盖、全连通，新扩建污水处理厂管网存在雨污管网混接、错接、断头问题，雨污分离不彻底，污水进水浓度偏低，直接导致处理厂的运行效率低下。同时，部分人口密集区的污水处理厂处理能力不足，扩建进展慢。在垃圾无害化处理方面，个别已建垃圾处理设施存在运行管理不规范、渗滤液渗漏现象，部分垃圾处理和收集转运设施进展滞后，随地倾倒、焚烧垃圾现象还时有发生。

（四）农村环境治理力度还需加大

近年来，宁德市农村环境保护取得了一定成效，但由于长期以来，农村建设规划、管理缺位、基础设施建设的滞后及农民环保意识的普遍低下，使一些地区农村生态环境问题日益凸显。流域沿线乡镇还存在较多的规模化以下养殖场和畜禽养殖散养，布点分散、规模小，治理设施很难配套，畜禽养殖污染防治形势依然严峻。

（五）环境安全保障水平不高

宁德市环境监察、监测、应急、核与辐射监管力量基础仍薄弱，与东部地区标准化建设的要求相比，在人员编制、执法车辆、取证设备、业务用房等方面有较大差距；环境监测自动化水平不高，技术人员力量薄弱，视频监控、短信报警、GIS 展示、数据综合分析方面存在空白，系统运行维护机制尚不完善，缺乏环境预警功能，使环境管理与应急响应等都带有一定的滞后性。同时，宁德市工业危险废物处置能力不足，存在一定的环境安全隐患。

三、对策措施

"十三五"期间，宁德市将全面贯彻党中央、国务院关于生态环境保护的新决策、新部署、新要求，坚持绿色发展，坚持"绿水青山就是金山银山"，坚持宁可少一点，也要好一点、实一点、环保一点，严格落实环境保护党政同责、一岗双责，以改善环境质量为主线，以解决突出环境问题为导向，正确处理好发展与保护、监管与服务、环境质量与总量、容量的关系，确保生态环境持续优化，推动形成人与自然和谐发展新格局，努力建设绿水青山、碧海蓝天的"清新宁德"。必须重点抓好以下工作。

（一）下好先手棋，加快环保体制机制改革

完善党政领导生态环保目标责任书考核体系，构建生态环境保护绩效考核和责任追究机制，推动实施市级环保督察制度，严格执行生态环境损害责任终身追究制度。以流域交界断面水质为评定依据，构建以环境质量为导向的生态补偿奖惩机制。深入开展推动排污权有偿使用和交易，腾出总量空间，服务重点项目。全面推行企业环境信用评价制度，持续开展绿色信贷，逐步推进环境高风险领域建立环境污染强制责任保险制度。以市场化机制吸引社会资本投入生态环境保护，加快重点领域环境污染第三方治理，形成政府主导、部门联动、企业施治和社会参与的监管格局。

（二）坚守生命线，筑牢生态环境安全屏障

严守生态保护红线划定成果及其配套管控政策，强化对重点生态功能区和生态环境敏感区域、生态脆弱区域的有效保护。大力开展植树造林和国土绿化，加强自然保护区建设，加快对湿地、近岸海域、海岛的保护修复，维护好生物多样性。推进农村环境综合整治，建立和完善农村环境基础设施长效运行机制，引入专业化、市场化运管机制，因地制宜、妥善处置农村生活污水、垃圾，逐步提高污水收集率和处理率，推动农村生态环境持续向好发展。深入持续开展生态文明建设示范区创建工作，推动已建成的生态县、生态镇村向"生态文明建设示范区"提档升级。

（三）打好攻坚战，集中力量推进污染防治

全面实施"水十条"，严格落实"河长制"，以小流域水环境整治为重点，深入推进城乡生活污染治理、工业污染治理、畜禽养殖污染治理、城市黑臭水体及主要湖库、饮用水源地保护区六大专项整治，把水系治理向纵深、向源头、向治本全面推进，实现"水清、河畅、岸绿、生态"。深入实施"大气十条"，持续加大工业企业治理力度，深化面源污染治理，严控机动车尾气、工业和建筑施工场地扬尘污染防治，完成燃煤电厂超低排放改造。加快开展空气环境功能质量预测、预警，逐步提升环境空气质量预测、预警准确性。制订实施土壤污染防治行动计

划实施细则，实施农用地、建设用地和未利用地分级、分类管理，推动土壤治理修复。加快开展矿山和尾矿库生态环境综合整治。实行重金属排放总量控制，统筹抓好涉重金属行业污染整治、持久性有机物治理、危险化学品管理等重点工作，落实危险废物及污泥的规范化管理。

（四）突出降能耗，大力发展低碳循环经济

坚决抵制和淘汰落后产能，加快产业改造升级，大力实施工业锅（窑）炉改造、余热余压利用、能量系统优化、电机系统节能等节能技术改造工程推动节能减排。大力推广先进适用清洁生产技术，加快清洁生产技术改造，实行冶金、有色、合成革以及化工等重点行业企业强制性清洁生产审核。加大企业循环经济试点示范，进一步完善资源综合利用产业链，提升资源利用节约高效水平。

（五）提高参与度，营造共建生态文明氛围

充分发挥新闻媒体的舆论宣传作用，开展形式多样的宣传教育，以广覆盖、慢渗透的方式逐步增强全民节约资源和保护生态意识，营造爱护生态环境的良好风气。大力推广绿色服装、引导绿色饮食、鼓励绿色居住、普及绿色出行、发展绿色休闲，推动形成绿色消费、适度消费的社会风尚。坚持政务公开基本准则，推进政府环境信息主动公开、污染源监管信息主动公开，积极落实环境保护公众参与工作，保障社会公众的知情权和监督权，引导公众有序参与和有力监督环保工作。

关于推动生活方式绿色化的几点思考

陕西省西安市环境保护局　郑西胜

摘　要：推动生活方式绿色化是推动人与自然和谐发展、实现生态文明建设的重要途径。生活方式绿色化具有极为重要的现实意义。生活方式绿色化是一项全面的系统工程。

关键词：生活方式　绿色化

加快推动生态文明建设，切实解决好目前的生态环境问题，推动公众生活方式绿色化尤为重要。2015 年 11 月，为贯彻落实中共中央《关于加快推进生态文明建设的意见》和新修订的《环境保护法》有关要求，环境保护部出台了《关于加快推动生活方式绿色化的实施意见》。推动生活方式绿色化是推动人与自然和谐发展、实现生态文明建设的重要途径。实践表明，在生态文明建设和环境保护过程中，如果公众和社会都行动起来，人人都自觉参与和践行环境保护，实现生活方式和消费模式向绿色化转变，将可以带来巨大的环境效益和经济效益，其作用将胜过政府数百倍的投入。作为一名环保工作者，笔者在认真学习领会精神实质的同时，对生活方式绿色化进行了深入的思考。

一、生活方式绿色化具有极为重要的现实意义

经历了三十多年的改革开放，我国取得的成就举世瞩目。但随着物质条件极大改善、人民生活水平日益提高，出现了两个无法回避的问题，一是我们对资源、能源的消耗达到了空前的程度，一些地方政府和企业在追求政绩和利益时完全是

"为达目的不惜代价"，而在炫耀和鼓吹成绩的时候则忽视了对资源、能源的过度消耗和对生态环境的肆意破坏；二是日益富裕的国民对物质生活的"高标准、严要求"也达到了无以复加的程度，攀比、炫耀和浪费的行为也在不断刷新纪录。一些人在追求"高品质"生活时对自然、道德，甚至是对法律的践踏也可谓空前。当今大部分家庭里都有可以"车载斗量"的闲置物品，不是"舍不得"扔，而是多得"顾不得"扔了！可我们还在无休止地购买、消费，使闲置物品更多。一些低品质、高污染的产品本已经充斥着城市、乡村的每个角落，却还在不停地生产和销售。这两种"空前"如果持续下去，将面临"绝后"的严重后果，绝了后代子孙的生存之路，绝了中华民族永续发展之路。

当前，我国正处于加速实现工业化和城镇化的过程，不断出现的环境问题确实已经成为制约全面建设小康社会的瓶颈。作为全世界人口最多的国家，经济社会的可持续发展必须处理好人与自然的关系，必须建立在资源能支撑、环境能容纳、生态受保护的基础上，必须推动生产方式、生活方式和消费模式向绿色化的实质转变，才能让人民群众在天蓝、地绿、水清、安宁的良好生态环境中享受幸福生活，才能真正实现"中国梦"。

二、推进生活方式绿色化要有信心和决心

从国家层面来看，党的十八大首次把"美丽中国"作为生态文明建设的宏伟目标，把生态文明建设摆上了中国特色社会主义"五位一体"总体布局的战略位置。"生态兴则文明兴，生态衰则文明衰。"自党的十八大以来，习近平总书记关于建设生态文明的有关重要讲话、论述、批示超过60次，彰显了中国共产党人对人类文明发展规律的深刻认识。2015年1月1日开始施行的新环保法明确规定：公民应当增强环境保护意识，采取低碳、节俭的生活方式，自觉履行环境保护义务。随后在《关于加快推进生态文明建设的意见》中提出，协同推进新型工业化、城镇化、信息化、农业现代化和绿色化。将生态文明纳入社会主义核心价值体系，加强生态文化的宣传教育，倡导勤俭节约、绿色低碳、文明健康的生活方式和消费模式，提高全社会生态文明意识。这些高瞻远瞩的战略谋划和一系列重要法律、政策的出台，为指导和推进生态文明建设的重要举措——生活方式绿色化提供了

强大的保障。

再从个体的角度来看，人们对美好事物的追求是社会进步的原动力，普通公众践行绿色生活具有强大的内在动力。中国的父母对孩子历来非常重视在勤俭节约、保护环境等方面进行教育，《道德经》《弟子规》《三字经》等蕴含着天人合一、尊重自然、顺应自然、保护自然这些最朴素、最有影响力的思想精髓的中国传统文化典籍，孩子们都是耳熟能详。现代传媒带给人们关于保护生态环境的宣传和引导更是丰富无比。

这些都是我们引导公众生活方式绿色化并进一步推进生态文明建设的坚实基础，让我们能够树立起坚强的信心和决心。

三、生活方式绿色化是一项全面的系统工程

《关于加快推动生活方式绿色化的实施意见》提出，生态文明建设关系各行各业、千家万户。要充分发挥人民群众的积极性、主动性、创造性，凝聚民心、集中民智、汇集民力，实现生活方式绿色化。生活方式绿色化涉及经济、文化、社会建设方方面面，既需要在优化生产力布局、调整产业结构等层面来设计，还需要从价值观建构、法律及制度体制保障等方面去配合，更需要在全社会进行具有极强操作性和针对性地推行，故而是一项全面而系统的工程。

对于这项极为重要的系统工程，一是要加强机制体制建设。要建立政府引导、市场响应、公众参与的运行保障长效机制。通过制订切实可行的工作方案，明确重点任务及措施，积极、有序推进。二是要完善配套政策。要制定和完善绿色生产、绿色消费全产业链的相关政策法规，建立和维护绿色产品和服务市场公平竞争秩序。三是要大力进行宣传引导。要坚决树立理性、积极的舆论导向，在全社会形成思想认同，以提高公众节约意识、环保意识、生态意识为出发点，深入、广泛地开展绿色生活"十进"活动，引导公众把节水、节电、节能、降低生活污染物排放养成自觉习惯。四是要充分调动公众积极参与。要充分发挥人民群众的积极性、主动性和创造性，大力推广环境友好使者、光盘行动、地球一小时、植树护绿、绿色出行等环保公益活动，让全民在衣、食、住、用、行、游等方面"绿"动起来。

环境保护，从我做起；绿色生活，你我同行。

坚持绿色发展　推进一师阿拉尔市生态文明建设

新疆生产建设兵团第一师环境保护局　许　明

摘　要： 走绿色发展道路，建设生态文明，既是实现可持续发展的前提和保障，也是社会主义现代化建设的本质要求。一师阿拉尔市采取一系列举措，生态文明建设取得了一定成效。但是还存在经济社会发展与资源、环境矛盾进一步凸显，转变增长方式与生态文明要求还有很大差距等问题，进一步推进一师阿拉尔市文明建设，必须牢固树立绿色发展理念，推进绿色生产，加强环境保护与治理，积极培育生态文化，建立健全生态文明体制机制。

关键词： 一师阿拉尔市　绿色发展　生态文明建设　国家生态文明先行示范区

　　继党的十八大将生态文明纳入中国特色社会主义事业"五位一体"总体布局之后，十八届五中全会把"绿色发展"作为五大发展理念之一提出，强调："绿色是永续发展的必要条件和人民对美好生活追求的重要体现。"[1]理念的提出不仅为生态文明建设如何开展指明了方向，也拓展了生态文明建设的内涵，再次凸显了中央对生态文明建设的高度重视。2014 年 4 月，习近平总书记考察兵团时，在充分肯定兵团农业节水灌溉示范作用的同时，强调新疆的发展要注重保护生态环境，并明确要求兵团要当好生态卫士。2015 年 10 月，兵团党委召开常委会议对推进兵团生态文明建设作专题部署时强调："兵团承担着守卫新疆绿洲安全、维护国家生态安全的生态卫士重要职责，各级党委要充分认识生态文明建设的重大意义，增强责任感紧迫感，努力做新疆生态文明建设的排头兵和示范区。"[2]一师

---

① 中共中央关于制定国民经济和社会发展第十三个五年规划的建议[N]. 兵团日报，2015-11-04（3）.
② 切实履行生态卫士职责努力做新疆生态文明建设的排头兵和示范区[N]. 兵团日报，2015-10-19（1）.

阿拉尔市作为兵团在南疆最有发展潜力的地区，其生态文明建设不仅对第一师阿拉尔市的安全、经济、政治、文化建设具有重要的保障作用，还对南疆乃至兵团的生态文明建设具有重要的示范作用。坚持绿色发展，推进一师阿拉尔市生态文明建设，能有效破解资源环境对经济发展的瓶颈制约，创造"安居宜业"的生存环境，扩大人口承载量，强化南疆兵团戍边力量，促进南疆社会稳定和长治久安。

一、一师阿拉尔市生态文明建设的现状

一师阿拉尔市紧邻塔克拉玛干沙漠，属暖温带极端大陆性干旱荒漠气候，是全国最干旱的区域，受干旱风沙危害严重，具有典型的绿洲生态特点。生态环境脆弱，是制约发展和拴心留人的突出问题。一师自成立伊始，就坚持与自然和谐发展、保护生态环境，通过一代代军垦职工的努力创造了绿洲人进沙退的历史。近年来，一师阿拉尔市更加重视生态文明建设工作，采取一系列措施，生态文明建设取得显著成效。2016年1月，国家发改委批复第一师阿拉尔市列入国家生态文明先行示范区建设，是新疆兵团首个进入国家生态文明先行示范区的城市。

（一）节约集约利用资源取得突破性进展

一师阿拉尔市是兵团主要的农业种植区，是全国重要的细绒棉和最大的长绒棉生产基地。但降雨量稀少，地下水矿化度高，不可直接用于农业和人、畜饮用，主要依赖冰川融水，属于典型的灌溉绿洲农业，节约和保护水资源显得尤为重要。一师阿拉尔市坚持以水定地，探索和推广各种高新节水技术，大力发展高效节水农业，提高水资源利用率。"十二五"期间，渠道防渗率由2010年的22.4%提高到目前的71%，新增节水能力1.8亿 m³。节水面积每年以50万亩的递增速度，现有高新节水面积321万亩，新增节水能力5.8亿 m³，亩均毛灌溉用水量下降到530 m³，农业灌溉水利用系数从2010年的0.51提高到0.58，亩用水量较"十一五"期间降低一倍以上，成为全国面积最大的节水高效农业示范区。在工业方面，以阿拉尔国家经济技术开发区为主，建立了严格的招商引资制度，入驻企业在项目建设过程中就融入循环经济理念，构筑企业内部的循环产业链，已形成"电力—建材""化工—纺织—建材"等产业间循环经济产业链。2015 年工业固体废物排放量 35.41 万 t，综合利用量 33.87 万 t，废物利用率达到 94.7%。工业用水重复率达到 82.5%。

（二）生态环境显著改善

以塔里木河流域、塔克拉玛干沙漠综合治理为重点，加快生态修复工程，一师阿拉尔市先后启动了退耕还林（草）工程、"三五九"重点防护林工程（即绕阿克苏河、多浪河、塔里木河三条河流，覆盖五个灌区，建设九大防护林生态体系）和西部大开发塔河流域综合治理项目，建成了五道绿色屏障、两条绿色长廊、绿树环抱 16 个团场及四大水库，在农区外围和风沙前沿营造 50～200 m 宽的大型场界林和防风固沙基干林，逐步形成网带片相交错、乔灌草相结合的防护林体系。累计造林 122 万亩，农田林网化率达到 90%，绿洲森林覆盖率达 24.2%，建成了围绕塔克拉玛干沙漠和塔里木河的绿色屏障。还通过人工种植草地 6.28 万亩改良草场，防治土壤荒漠化，保护绿洲生态系统，极大地改善了生态环境。

（三）污染减排工作取得积极进展

一师阿拉尔市作为一座年轻的绿洲军垦新城，没有高污染的重工业，实施污染达标排放难度不大。通过实施《第一师环境保护规划（2011—2015）》，采取总量指标有偿调剂、污染减排预警制度、加大污水处理设施建设等措施，以及进一步优化工业布局，淘汰落后工艺、设备、技术，污染减排工作扎实推进。到"十二五"末，一师阿拉尔市全面完成兵团下达的污染减排任务，共完成减排项目 59 个，其中环境保护部"十二五"目标责任书减排项目 7 个，关停落后产能结构减排项目 9 个，污染治理管理减排项目 43 个。截至 2015 年年底，一师阿拉尔市 COD 排放 10 967 t，氨氮排放 655 t，二氧化硫 5 844 t，氮氧化物 4 769 t。实现 COD 减排 1 426.26 t，完成减排任务的 103%；氨氮减排 34.97 t，完成减排任务的 100%；二氧化硫减排 6 292.28 t，完成减排任务的 118%；氮氧化物减排 14 668.44 t，完成减排任务的 303%。工业废水排放达标率 80.8%。单位 GDP 能耗 1.182 万 t 标煤/万元，比上一年减少 0.024 万 t。

（四）环境综合整治有效推进

一是城市环境综合整治工作进一步加强。进一步加强了对一师阿拉尔市的环境整治，实施了热网改造工程、排水管网改造工程等，淘汰燃煤小锅炉，实现用热由煤改气。2015 年城市集中供热率达到 85%。一师阿拉尔市 2 万 t 生活污水处理厂项目已投入正常运行，二期项目正在开展。进一步扩大了城市绿化面积，绿化覆盖率达到 44.3% 以上，人均公共绿地 12.3 m^2。二是团、连环境综合整治工作有序推进。一师阿拉尔市通过实施集中供热、集中垃圾处理、增加公共绿地面积等措施，大大改善了团场小城镇环境。"十二五"期间，团场小城镇垃圾填埋场工程得到逐步实施，10 个团场建设了垃圾填埋场和污水处理厂并投入使用，申请了中央农村环保专项资金 541.484 万元用于连队的垃圾收集、运输、污水收集处理等工程，大大改善了团连的生产、生活环境。

二、一师阿拉尔市生态文明建设存在的问题

（一）对推进生态文明建设的重要性认识不足

在一师阿拉尔市的开发与建设过程中，仍有部分领导、企业负责人过于注重抓经济增长，对环境保护工作重视不够，措施不到位，对环境承载力存在着片面或错误的认识，认为一师阿拉尔市地处沙漠边缘，环境承载力很大，排一点污染物危害不大。没有把生态文明建设与经济发展有效结合。尤其是一些工业企业，对节能减排、资源综合利用不重视、措施不力、投入不足，没有采取有效措施节约能源、治理污染、回收利用可再生资源，造成能源资源的浪费和环境污染。

（二）生态环境总体形势严峻

独特的"灌溉农业、荒漠绿洲"生态环境与经济社会体系，对水资源依赖性大。随着城镇化、工业化进程的加快，区域内人口增值和经济发展，流域水资源逐渐短缺，生态环境压力逐年增大。一是荒漠化扩大趋势尚未得到根本遏制，土地沙漠化面积在逐渐增加，荒地占总面积的 76.40%。二是耕地盐渍化现象严重，

垦区耕地中度盐渍化以上占耕地总面积的 43.40%。农业生产广泛使用塑料地膜、化肥和农药，农业面源污染较重。三是空气污染加剧。根据环保局监测数据，一师阿拉尔市空气质量达标天数已由 2010 年的 80.3%下降到 72.4%，年均以 2.0%的速度下降。工业废水排放总量也在逐年增加。

（三）经济增长方式与生态文明要求有很大差距

国民经济结构仍以农业生产为主，工业化正处于快速发展阶段，对各类资源利用需求量大，但整体技术装备水平低于发达省市。引进项目存在标准不高，规模小，环保基础设施建设滞后，超标排放、资源利用率较低等现象存在。农业方面过于注重产量，对品质重视不够，有机、绿色食品欠缺。第三产业占比很低，发展滞后。产业结构升级进程因偏远地理位置的影响难以加快，在结构升级、转变增长方式方面与生态文明要求还有很大差距。

（四）宣传教育力度不够，生态意识氛围不够浓厚

受经济社会发展水平的制约，一师阿拉尔市开展生态文明建设的宣传教育经费不足，宣传教育工作尚处在较低水平，仅有学校承担，环保、卫生、科研、司法等政府部门尚未参与进去。生态文明建设意识不足，已成为制约一师阿拉尔市生态文明建设的重要因素。从整体来看，"重经济利益、轻生态保护"的错误思想没有得到彻底转变。公众还缺乏尊重自然、保护自然的强烈观念，对许多根本性的生态问题缺乏了解，绿色消费意识淡薄，在生态文明建设中的社会参与度不高。据抽样调查，商店、超市执行限塑料措施执行率只有 50%，仍有 65%偶尔或经常使用一次性餐具，家庭节水器具使用率低，82%调查者不会对垃圾进行分类。

（五）生态文明建设的体制机制不完善

一师阿拉尔市在促进循环经济发展、节能减排和资源节约等方面出台了一些鼓励性政策，但生态文明建设的体制机制尚未完全建立起来。一是补偿机制不健全。随着环保压力的日益增大，仅仅依靠一师阿拉尔市自身财政对环保的投入，只是杯水车薪，生态补助远远不能满足实际需求。二是生态文明建设的价格、税收体系尚未建立。还未形成按照市场定价机制配置生态环境资源的价格体系，还

未能充分反映资源稀缺程度、环境损害成本和供求关系。资源和环境税税种设置不全，"污染者付费"的原则没有完全落实。排污收费制度下税费过低，企业没有足够的动力进行污染治理与技术创新。三是考核机制不完善。目前的考核机制虽然已取消了 GDP 考核，但上级对地方生态建设的考核导向仍不明显。四是体制有待完善。一师阿拉尔市有环保局，但企业、团场没有设立环保机构，影响生态市建设的深入。同时，监测、监管和监察手段比较落后，环境预报、预警和信息系统跟不上形势发展的需要。

三、坚持绿色发展，推进一师阿拉尔市生态文明建设

（一）牢固树立绿色发展理念，提高对生态文明建设重要性的认识

习近平总书记强调："一定要生态保护优先，扎扎实实推进生态环境保护，像保护眼睛一样保护生态环境，像对待生命一样对待生态环境。"① 良好的生态环境，是最公平的公共产品，是最普惠的民生福祉。保护生态环境就是保障民生，改善生态环境就是改善民生，也事关一师阿拉尔市经济社会可持续发展。脱离生态文明建设搞经济发展是"竭泽而渔"，目前已到了以环境保护优化经济增长的新阶段。要提高对加快生态文明建设重要性、紧迫性的认识，把生态文明建设摆在更加突出的位置。绿色发展理念是以人与自然和谐为价值取向，以绿色低碳循环为主要原则，以生态文明建设为基本抓手。一师阿拉尔市必须牢固树立绿色发展理念，注重经济发展的同时更加注重环境保护，加快形成节约能源资源和保护生态环境的发展方式，走生产发展、生活富裕、生态良好的可持续发展之路。

（二）加强环境保护与治理，节约和高效利用资源

环境保护是生态文明建设的主阵地和根本措施。进一步强化生态卫士职责，深入实施主体功能区战略，坚决实行能源消耗、水资源消耗、建设用地总量和强度"双控"行动，突出抓好水、土壤、大气的保护与治理。

① 习近平总书记在参加青海代表团审议时强调：像保护眼睛一样保护生态环境 像对待生命一样对待生态环境[N].新华日报，2016-03-11（1）.

（1）强化主体功能地位，优化国土空间开发格局。落实《兵团主体功能区规划》，编制好生态功能区划，调整优化空间结构，提高空间利用率，合理控制土地开发强度，构建科学合理的城镇化格局、产业发展格局、生态安全格局。着力构建"一市两心、两轴多镇"的城镇体系空间格局，重点建成区域商贸物流中心、新型工业化和农业产业化基地；着力构建绿色产品现代农业发展格局，重点建设国家优质棉基地、南疆特色果盘基地；着力构建以保护塔里木河和荒漠胡杨为重点的生态主体网架。

（2）合理开发与节约利用水资源。建立健全最严格的水资源管理制度，严格控制用水总量。统筹推进沙井子和塔里木灌区防渗改建配套工程，大力推广农业高效节水灌溉，通过加快一师阿拉尔市和团场城镇供水管网改造，推广普及生活节水器具，提高工业用水循环利用率，加强盐碱水等非常规水源的研究与利用，推进城市污水处理回用。同时，全面提升污水集中处理能力和水平，加强对饮用水的保护力度。

（3）节约集约利用土地资源。在土地方面，严格控制建设用地规模，改进正式工业用地较为分散的布局现状，引导工业向阿拉尔经济开发区和各团场职工创业园集聚，坚守耕地红线，稳步扩大高标准基本农田面积。同时，加大耕地质量保护，做好地膜污染防治、农药化肥减量等农业面源污染治理。

（4）保护好空气质量。以控制工业大气污染物达标排放为重点，严格执行国家和自治区的各项污染排放标准，在各行业推行清洁生产，火电、水泥等行业实施脱硫、脱硝、除尘设施改造升级，确保工业企业实现达标排放。深入推进节能降耗，实行能源消费总量和轻度控制并重，对高耗能企业通过价格杠杆促进企业技术创新，推广清洁能源使用。

（5）强化林带保护与建设。持续推进天然胡杨林保护、"三五九"林业生态和"三北"防护林工程，继续建设绿洲基干防护林、农田防护林，增加封沙育林，维护好自然生态系统。

（三）推进绿色生产，加快产业转型升级

推动形成绿色生产方式，就是调整优化产业结构、转变经济发展方式，走绿色低碳循环发展之路。

（1）打造绿色新型工业基地，推动低碳循环发展。按照"工业园区化、园区产业化、产业循环化"的要求，大力推进阿拉尔国家级经济技术开发区循环化改造试点，以1号、2号、3号工业园区为主体，对区域内高污染、高能耗的企业，用三年时间全部退出或技术改造。完善纺织、农副产品加工、化工等产业循环链，推进废物和副产品资源化利用，提高主要资源产出率。在发展主导产业的基础上，引进副产品、废弃物综合利用项目，构建"纵向延伸、横向耦合、区域共生"的循环经济体系。利用国家发展环保产业支持政策，新建环保产业园区，与亿利资源合作为主体，发展以沙为原料的加工业，引进一批科技含量高、资源消耗低、环境污染少的企业，使工业结构优化。

（2）大力发展生态农业，走产出高效、产品安全、资源节约、环境友好的农业现代化道路。依托国家级现代农业示范园区，建设优质棉田、精品果园、设施农业、标准化养殖基地，培植无公害、绿色、有机农产品。同时，借助城市城镇绿水青山、田园风光、军垦文化等资源，拓展农业的生态、休闲、观光等功能，大力发展休闲旅游农业、采摘农业、创意农业，让田园变公园、产区变景区、产品变礼品。

（3）大力发展现代服务业，优化美化人居环境。依托一师阿拉尔市的交通区位、场馆设施优势，充分利用红枣节的撬动效应，带动军垦旅游和沙漠探险旅游。整合一师阿拉尔市辖区内的旅游资源（昆岗遗址、睡胡杨谷、西域文化博览园、三五九旅纪念馆等），发展休闲旅游业，带动餐饮服务、娱乐服务、购物服务和商贸物流服务行业的发展。

（四）大力宣传教育，培育生态文化

生态文明建设是个庞大的全民工程、社会工程，更需要全民的文明行动。环境和生态不光是政府、企业、投资商的事，也是每一位公民的事。要加强生态文明宣传教育，采取老百姓喜闻乐见的方式，通过广播、电视和网络灌输生态文明理念，社区、学校和机关宣传栏要开辟生态文明建设专栏，普及生态环保法律法规和生态文明科学知识，宣传生态建设典型的人和事，倡导环保生活方式，培养居民绿色行为习惯。把生态文明知识作为干部教育的基本内容，各种干训班要开设生态文明建设专题课，努力增强各级领导干部生态文明建设的决策能力。利用

塔里木大学西域文化博览园、三五九旅纪念馆建立生态文明建设教育基地,增强青少年生态文明知识。从而营造一师阿拉尔市上下共同参与生态文明建设的氛围,以政府为主体推动产业结构调整、以行业为主体推动生产方式转变、以公众为主体推动生活方式转变,形成绿色发展方式和生活方式。

(五)建立健全生态文明体制机制

一是建立健全生态补偿机制。调整优化财政支出结构,资金、项目的安排使用,明确对生态系统和自然资源保护所获得的效益予以奖励,对破坏生态系统和资源所造成的损失进行赔偿,通过"谁破坏生态谁付费""谁保护、谁受益""谁越注重保护、谁受益越大"的杠杆导向,逐步构建横向生态补偿制度。二是建立健全领导干部差异化政绩考核机制。以资源消耗、环境损害、生态效益等指标权重,建立对主要领导人及班子实行政绩考核,提高生态文明建设在业绩考核中的比重。三是建立健全生态文明执法监督制约机制,加强生态环保队伍建设,增加师环保部门(环保局、环境监察支队、环境监测站)人员编制、增设团场环保机构,建立较完备的监测预警、完善执法监督和环境管理体系。同时,提高环保工作人员的业务素质,严厉查处违反生态文明法律、法规和规章的行为。

专题二　环保体制机制探索

石景山区生态保护红线划定工作的思考

北京市石景山区环境保护局 吴 瑕

摘 要：随着首钢等重工业企业停产，石景山区正面临着转型发展的关键时期，2014年石景山区在北京市率先开展了区级生态保护红线划定工作，为优化国土开发空间奠定了基础。通过生态红线划定工作加深了对生态文明建设的认识和思考，并提出了在后续管控过程中要抓住法规保障、责任分工、科技支持、制度建设等重点，确保生态保护红线工作能真正落地。

关键词：生态保护红线 管控措施 生态文明建设

生态保护红线是我国环境保护的重要制度创新，是继"18亿亩耕地红线"后另一条被提到国家层面的"生命线"。生态保护红线是指对维护自然生态系统，保障国家和区域生态安全具有关键作用，在重要生态功能区、生态敏感区和脆弱区等区域划定的最小生态保护空间。石景山区于2014年将生态保护红线划定工作列入区政府折子工程，在全市率先开展了区级生态保护红线划定工作。

一、石景山区生态保护红线划定工作情况介绍

随着首钢等重工业企业停产，石景山区正处在"产业重构、生态重建、城市重塑"的转型发展阶段，区委、区政府提出了"全面深度转型、高端绿色发展"战略和"融合山水谋发展、建设首都西大门"的愿景目标，划定生态保护红线是实现优化国土空间开发，构建安全生态格局的一项基础性工作，对区域转型发展具有重要意义。

2014 年 3 月，石景山区启动了生态保护红线划定工作，按照"科学性、协调性、可行性、动态性"原则，以环境保护部《生态保护红线划定技术指南》为依据，对重要生态功能区、生态环境敏感脆弱区、禁止开发区 3 类区域进行识别和综合评价，参考各部门现有各类生态保护地和相关规划，历经一年形成了划定初稿，后征求规划、园林、国土等 8 个相关部门意见 4 次，组织了专家评审，并多次经区长专题会讨论、修订，目前基本划定了包括 7 种生态类型的红线区域，基本构成"一带、两区、十廊道、多节点"的生态红线空间格局。

二、划定生态保护红线对生态文明建设的意义

划定生态保护红线作为一项创新性的工作，在实践中会遇到很多困难，主要体现在：一是环保部门主导力量弱。生态环境问题涉及规划、国土、园林、水务等多个部门，而且这些部门掌握着生态环境状况、发展规划等一手资料，而环保部门长期以来以环境污染监管为主责，没有系统的生态环境资料，而且统筹能力相对较弱，给工作增加了难度。二是与经济发展的冲突依然存在。为构建更好的生态环境，努力实现"高端绿色发展"的战略要求，按照"保现状、挖潜力"的工作思路对区域内现存的城中村、城乡结合部地区提出了大量生态恢复建议，但部分建议因实际经济发展需要未能采纳。

究其原因，还是因为对生态文明建设的理解不够深刻。生态文明建设主要由生态建设和环境保护组成，前者是远景目标的构想与规划，后者是愿景实现的手段和举措。生态保护红线的划定，就是通过环境保护制度中最为刚性的举措，建立最为严格的生态保护制度，对区域生态功能保障提出更高的监管要求，从而促进人口、资源、环境相均衡，经济、社会、生态效益相统一，最终实现可持续发展的目标。通过划定生态保护红线对促进生态文明建设能起到 3 个主要作用。

（1）通过划定生态保护红线的提醒，可以增强区域决策者和规划者的生态环境理念建设。按照区域生态环境资源现状、生态容量以及环境自我修复能力，在顶层设计和长远规划中，主动应对区域发展战略转型，形成有前瞻性的生态安全格局和刚性发展约束机制，从源头预防和控制各种不合理开发和对生态功能的破坏，主动处理保护与发展的关系，促进人与环境和谐统一。

（2）通过划定生态保护红线的提示，可以强化环境保护管理者的责任意识。在划定生态保护红线的过程中，通过系统分析区域环境问题，认真探究区域的环境容量和资源承载力，明确了环保工作的重点，激发了环保人主动作为的责任意识，不断扩大环境保护范围，提高环境保护能力，真正做到城市空间清静，城市生态良好。

（3）通过划定生态保护红线的警示，可以提高全民生态建设和环境保护的自觉，使每个人明确自己既是生态环境的建设者也是资源消耗者、破坏者。这就要求政府通过划定生态保护红线这一警示，教育企业和个人，对生态建设和环境保护负有社会公共责任，从而促进生态环境良性发展。

三、生态保护红线管控措施建议

划定生态保护红线是一个基础，如何更好地保护红线区，实现保护区内红线面积不减少、生态功能不降低、用地性质不转换，真正体现红线区生态底线和刚性约束的性质，才是一项更艰巨也更重要的任务，而这就需要有一套严谨的管控措施。依据《关于加强资源环境生态红线管控的指导意见》（发改环资〔2016〕1162号）、《生态保护红线管理办法（试点试行）》（环办函〔2015〕1850号）等文件，参考部分国家生态保护红线划定示范区已制定的管控措施，笔者认为红线区的管控应抓住以下几个重点。

（1）生态保护红线管控必须有法律依据和法规保障。须以人民政府的名义正式出台《生态保护红线管理实施办法》，明确生态保护红线的边界范围、主导功能、管理办法、违法处置办法、动态调整办法等内容，以此体现刚性约束的基本要求。政府要牵头将生态保护红线纳入国民经济和社会发展规划、土地利用总体规划和各项城市规划中，确保从顶层设计保障红线的严肃性。

（2）生态保护红线管控必须成立专门的组织机构。要正式成立生态保护红线管理工作小组和专家小组，负责制定生态保护红线管理制度、协调红线区监督管理、研究决定红线区重大管理事项等。要理顺工作小组、专家小组与人民政府的关系，特别是在红线区范围需要调整时，要明确工作程序，理顺层级关系。

（3）生态保护红线管控的关键是明确部门职责。生态保护红线的划定与监管是一项复杂的系统工程，涉及生态保护、环境管理、资源开发利用等多个领域，责任部门涉及规划、国土、园林、水务、环保等，因此必须统筹考虑，有序实施。尤其要明确政府和各委办局的管控内容和职责范围，建立不同部门之间和与人民政府之间的协调机制，各部门按照有关法律、法规和规章规定，在各自职责范围内，共同做好对生态保护红线的监督管理工作，避免出现多头管理和无人管理的问题。

（4）要及早建立生态保护红线信息数据平台。在现有国土、规划等部门的地理信息系统基础上，结合生态环境大数据系统建设，建立生态保护红线动态监测和信息发布平台，用于实时发布生态保护红线区内生态信息。作为信息系统的支撑，要制定生态保护红线监测评估的技术标准体系，对区域内生态保护红线环境资源状况进行长期监控和定期评估，及时向全社会发布生态保护红线区域内生态资源状况信息。评估结果可作为政府政绩考核和生态补偿的依据。

（5）逐步建立完善生态文明制度体系。在生态保护红线划定的基础上，逐步建立生态保护红线区项目准入制度、生态保护红线区生态环境监管机制、生态环境损坏责任终身追究制等，逐步建成生态文明制度体系。具体工作还包括开展红线区负面清单编制工作，制定红线区项目准入标准，研究确定红线区生态评估方法，提出生态风险防范、生态保护和生态恢复措施，开展全区自然资产核算等。

生态保护红线划定工作是生态文明建设的一个开端，随着"五位一体"建设和全面深化改革的不断深入，以生态保护红线带动的生态文明制度体系建设会更加全面，用制度保护生态环境的序幕已经拉开，我们将以扎实的工作努力走向社会主义生态文明新时代。

坚持统筹路　下好一盘棋

吉林省白城市环境保护局　顾洪军

摘　要：白城市为改善生态环境质量建设生态文明，实施了一系列针对白城市自身特点的措施，其中包括了体制机制建设，以生态项目为载体创造综合效益，将大气、水和土壤三大领域进行契合全面管理，这些措施的实施有效地改善了白城市生态环境质量。

关键词：生态环境　契合　综合管理

白城市位于吉林、黑龙江、内蒙古三省（区）交界处，是松嫩平原和科尔沁草原融汇地带，是国家级大型商品粮基地市，是吉林省西部重要的生态屏障。近年来，白城市环保局认真贯彻落实中共中央、国务院《关于加快推进生态文明建设的意见》，紧紧围绕吉林西部生态经济区建设，牢固树立"绿水青山就是金山银山"的绿色发展理念，以建设美丽白城为目标，以改善生态环境为核心，不断提升全市生态环境质量和生态文明建设水平。

一、坚持以系统思维为引领，在体制机制上全力构建同责共治新格局

生态环境保护是一项复杂的系统工程，责任部门多，涵盖领域广。但职责不清、机制不顺、单打独斗一直是环保部门面临的尴尬局面。为了有效扭转这一状况，我们针对白城生态环保工作实际，深入调研，通盘谋划，系统设计，积极探索构建生态环保工作新机制和新格局。

2015 年，白城市率先在吉林省出台了《关于全面加强生态环境保护工作的意

见》，成立由市长任主任，人大常委会副主任、政府副市长、政协副主席为副主任的生态环境保护委员会，并强化了各项工作机制和配套制度的建立和完善，全市初步形成横向到边、纵向到底的全新工作格局，实现生态环境保护全覆盖。纵向上，通过进一步明确和强化市级党委、政府，全市 5 个县（市、区）、4 个开发区（园区）和 32 个市直部门，基层环保所，企业主体等 4 个环节生态环保工作责任，形成了一级和一级之间，上下互动，环环相扣，无缝衔接的链条效应。横向上，通过建立大气、水、土壤污染防治联席会议和司法联动联席会议等联防联控机制，形成了部门和部门之间，有机联动，各负其责，齐抓共管的木桶效应。这种全新的工作格局形成后，对各项工作都发挥了显著的推动作用。无论是应对重污染天气，还是通榆县遗弃危险废物和大安市学生疑似甲醛中毒等环境问题，我们均在第一时间发现问题、逐级上报、启动预案、召开联席会议，紧急会商部署。各相关部门按照各自承担的职责和分工，第一时间赶赴现场，与当地政府密切配合，紧急应对，果断处置，稳控事态。这些环境应急事件均在第一时间妥善处理，没有造成衍生事件，没有引起群众恐慌，得到了市政府的充分肯定。

此外，围绕加强生态环保工作，还建立健全各项工作机制。先后建立了政府生态环保目标责任制、全市生态环境保护委员会工作机制，市人大、市政协视察检查生态环保工作机制，生态环保督查稽查工作机制及生态环保公众参与等工作机制。2016 年初以来，我们召开各县（市、区）政府、市直相关部门分管领导和各县（市、区）环保局局长参加的全市生态环境保护委员会工作会议，部署落实年度各项工作任务。市政府多次召开专题会议研究部署生态环保工作。2016 年 6 月 1 日，市人大就贯彻实施新《环境保护法》情况进行专题视察。6 月初启动了首届白城市生态环境保护年度人物评选活动。6 月 5 日，开展了世界环境日集中宣传一条街活动，成立生态环保公益组织，扩大群众参与度。6 月下旬，白城市督查指挥中心对全市生态环境保护行动月进行专项督查。6 月 30 日在吉电股份白城发电公司开展环境突发事件应急演练。力争把全市生态环保工作推上一个新台阶，生态环境质量提升到一个新水平。

二、坚持以生态项目为载体，在综合效益上全力开创互惠共赢新局面

绿水青山就是金山银山，保护生态环境就是保护生产力。近年来，白城市委、市政府围绕创建全国生态保护与建设示范区，积极争取国家和省关于生态项目和政策支持，统筹实施了河湖连通、造林还湿、草原治理、海绵城市等重大生态建设工程。这些工程的实施不仅使全市生态环境得到迅速改善，还直接赢得了生态效益、经济效益和社会效益"三位一体"同步提升的可喜局面。

（1）生态效益显著改善。湿地面积大幅恢复。通过实施河湖连通和湿地修复工程，湖泊泡沼干枯、湿地面积萎缩的严峻形势得以扭转，全市已经连通水库泡塘 40 个，增加蓄水量 14.5 亿 m^3，改善和恢复湿地 610 km^2，恢复草原、芦苇面积 90 万亩。森林覆盖逐步提高。2010 年以来两个三年大造林活动累计造林 260 万亩，森林覆盖率提高 2 个百分点。2016 年开展的"三年造林还湿双百万"工程，完成造林 41 万亩，修复湿地 35 万亩，实现良好开局。草原生态有效保护。全市累计落实草原生态补奖面积 1 424 万亩，综合治理草原 166 万亩，查处破坏草原案件 3 000 余起，恢复草原植被 5.15 万亩。白城市草原综合植被达到 70%以上。自然气候风调雨顺。降雨大幅增加，2011 年以来连续 5 年降水量超过 450 mm。地下水平均上升 1.02 m，风沙减少，强度减弱，全市生态环境稳中向好，整体改善。

（2）经济效益迅速增长。农业生产连年丰收。造林活动使全市林业生态防护体系初具雏形，大部分农田得到庇护，流动、半流动沙丘得到固定。河湖连通使全市近 1.5 万口农田井恢复灌溉能力，2013—2015 年连续三年粮食生产大丰收。全市水面增加 200 万亩，渔业产量大幅增加，2015 年月亮湖冬捕创单网 40 多万斤的历史纪录。生态旅游持续升温。随着"引霍（洮）入向""引嫩入莫"重大水利工程实施和退耕还湿、生态移民多项举措实行，向海、莫莫格和牛心套保湿地大面积恢复，天鹅、丹顶鹤、白鹤等珍稀鸟类陆续回栖。向海、莫莫格被评为国家 4A 级旅游景区，向海被评为"吉林八景"和省级生态旅游示范区，镇赉县被评为中国白鹤之乡。全市生态旅游知名度和影响力显著提升，旅游人数每年增幅都在 30%以上。

（3）社会效益逐步凸显。随着白城生态环境的整体改善，当年"一进白城府，

每天二两土。白天吃不够，晚上给你补"的真实写照已经不复存在，人民群众的生活幸福指数大幅提升。尤其是海绵城市项目实施，通过采用"渗、滞、蓄、排、用"等措施，完善城市雨水综合管理系统，能够有效解决城市内涝、小区积水、污雨同流等突出民生问题，极大地改善了人居环境，得到全市群众一致拥护。现已完成 101 项工程建设，目前，40 个小区、21 条道路、12 个广场绿地工程项目正在紧张施工中。

三、坚持以精准契合为突破，在污染防治上全力实现破难补短新飞跃

契合点也称为切入点，它是解决系统矛盾的着力点和突破点。只要精准契合就能够把矛盾点转化为合作点和共赢点，进而推动整体矛盾的解决。面对大气、水、土壤三大重点领域污染防治，我们通过科学研判，精准定策，综合施策，破难点、补短板、上项目、除掣肘，一点突破，带动全局，实现了全市整体生态环境质量持续改善。

（一）破难点、促共赢，煤烟型污染逐步根除

煤烟是大气污染主要因素，白城作为吉林省西部重要的能源基地，燃煤广泛用于电厂生产、冬季采暖以及居民生活等。近年来，白城市紧紧扭住燃煤这个"牛鼻子"，多措并举，治本清源，通过对煤烟型大气污染实施"大改造、中整合、小淘汰"的集中攻坚，带动空气环境质量整体改善。

（1）变压力为动力，燃煤发电机组达标排放。白城现有吉电股份白城发电公司、国电龙华白城热电厂、洮南热电厂 3 家火电厂是全市煤烟污染大户。面对绿色发展的严格要求和企业经济下行双重压力，自 2014 年以来，白城市政府借助国家实施最严火电厂排放标准的有利契机，积极"进京跑省"，协调有关部门帮助 3 家电厂争取除尘电价等节能减排政策，市环保局深入企业，具体指导，督查督办，限期达标，变压力为动力，把 3 家电厂加快除尘减排的积极性充分调动起来。3 家电厂按照环保优先理念，积极筹措资金，截至 2015 年年末，3 家电厂累计投入资金 4.32 亿元，实施脱硫脱硝、除尘设施专项改造，全部实现达标排放，2015 年共削减二氧化硫 22 950 t、氮氧化物 7 164 t。吉电股份白城发电公司作为吉林省

最大的火力发电厂，2016年在吉林省率先启动超低排放项目，总投资8 700万元，最终实现二氧化硫、氮氧化物、烟尘排放浓度每立方米分别在35 mg、50 mg、10 mg以下的超低排放标准。项目已于2016年5月30日开工建设，预计11月末完工并投入使用，成为吉林省同行业的环保领跑者。

（2）变单产为联产，供热企业整合实现共赢。白城市能源利用和污染防治长期存在"两元"并存结构。一方面，白城3家热电厂每天都在产生大量的富余热能，长期未能得到有效利用。另一方面，全市每年供热消耗燃煤40余万t，由于多数供热企业不愿意投入环保设施，煤烟污染严重。分则俱损，合则共赢。为彻底破解这一"两元"尴尬难题，2015年白城市政府协调电厂和集中供热企业深度合作，全面启动热电联产项目，用3年时间将市区19家集中供热企业47台锅炉，共1 584蒸吨，全部并入吉电股份白城发电公司和国电白城龙华电厂。最终实现城区供热一张网，统一调度，调峰运行。两年来，市环保局会同住建部门采取招商引资、市场化运作和PPP模式等多种方式，全力推进项目进度。2015年市区有5家规模较大供热公司实现热电联产，取缔燃煤供热锅炉13台，节省燃煤16.5万t，实现供热面积520万m²，占整合供热面积的39%。2016年又有白鹤供热公司、铁路军运处供热处两家企业接入国电白城龙华热电厂。2016年、2017年剩余的14家集中供热企业34台锅炉全部完成整合任务。通过集中供热企业专项整合，2015年白城市共削减二氧化硫排放502 t，氮氧化物排放140 t，供热煤烟污染顽症正在根治。同时，企业运营成本大幅降低，居民供热温度保持24小时平衡稳定，热电联产取得了经济效益、环境效益和社会效益共赢。

（3）变对抗为对话，淘汰小锅炉获得群众点赞。白城市区燃煤小锅炉数量多，分布广，对环境影响较大，群众反映强烈。2015年以来，我们按照"以疏为主，疏堵结合"的原则，将工作重心放到业主比较关注的"为什么改""怎么改"和"如何改"等焦点问题上，采取了一系列配套措施。围绕"为什么改"，在思想上做文章。发布《老城区综合改造淘汰燃煤小锅炉治理大气环境通告》，通过电视、报纸、网站等新闻媒体以及世界环境日等主题宣传活动，对此次行动的重大意义进行广泛宣传发动；围绕"怎么改"，在出口上做文章。制定《老城区综合改造淘汰燃煤小锅炉治理市区大气环境实施方案》，确定采取集中配送热水、地源热泵、烧油、燃气等多种方式，实施新能源替代，明确了具体要求和时间步骤；围绕如何降低成本，在帮扶上做文章。制定"以奖代补"政策，实施分期分批办法，加大地源热泵用电补贴，降低连接集中供热管网费等优惠政策，多方位、多渠道、多形式地降低业主运营成本。此外，我们还切实加大了环境监管执法力度，经开展燃煤小锅炉监察监测，从严从重处罚，实施强制淘汰。一系列有效措施的实施，赢得了广大业主的理解和支持。2015 年全市累计投入以奖代补资金 520 万元，淘汰燃煤小锅炉 339 台。自 2016 年以来，已有多家业主主动提出整改，购买环保锅炉，实施地源热泵改造，自行拆除燃煤小锅炉。2016 年年底前，市区二环路以内及经济开发区 55 家共 66 台燃煤小锅炉全部淘汰完毕，白城市区建成区将在全省率先结束燃煤历史。

（二）补短板、除掣肘，水污染防治整体提升

白城市财力不足，环保基础设施滞后，一直是全市水污染防治的短板。近年来，白城市通过加大对环保项目的谋划、储备和争取，积极采取招商引资、社会融资等多种方法手段，突出加大对水污染防治项目投入，实现了水污染防治水平的整体提升。

（1）水污染治理项目建设取得突破。"十二五"期间，白城市 6 个污水处理厂扩能改造和中水回用建设全部列为各县（市、区）政府绩效考核内容，主管副市长现场督查，环保部门半月调度，政府督查部门专项督办，各县（市、区）政府采取贷款、垫付和分期付款等方式破解资金难题。到 2015 年年底，6 个污水厂全部建成，污水日处理能力达到 17.5 万 t。2016 年以来，围绕重点流域水污染防治、水质较好湖泊环境保护、地下水保护三大任务，又积极谋划储备了 37 个重点项目，总投资 14.9 亿元，项目实施后全市环境承载力将进一步提升。

（2）饮用水水源地监管全面加强。为确保全市人民饮水安全，白城市切实加大 6 个集中式饮用水水源地环境监管力度，持续开展水源地环境专项整治，对发现的环境违法行为依法及时处理，严厉打击。2016 年上半年，三水厂水源地保护区发生隔离设施被擅自破坏的严重环境违法行为后，市环保局联合住建、公安等部门对 6 名涉事人员进行刑事拘留，对破坏的隔离设施进行了恢复。在加强水源地环境监管的同时，市政府颁发了《市区集中式饮用水水源地保护管理办法》，明确了水源地保护各相关部门的工作职责，形成了分兵把口、各司其职的合力，有

效保障了饮用水安全。

（3）畜禽污染治理项目稳步推进。对全市 101 家规划畜禽养殖企业实施了综合治理。其中，洮南市雏鹰集团 400 万头猪一体化项目建设进展顺利，投资 5.4 亿元建设的粪尿处理设施，达产后日处理粪尿 1 500 t，实现资源循环利用。镇赉飞鹤乳业原生态奶牛牧场粪便与众合生物质电厂联合处理，改进养殖工艺，减少环境影响，实现了资源的循环利用。

（三）上项目、转方式，土壤污染防治稳步推进

白城市是典型的农业地区，是国家大型商品粮基地，土壤环境直接关系白城粮食生产，甚至影响国家粮食供应。为保证土壤环境质量，我们重点谋划包装了盐碱地治理和有机食品基地两个项目。通过上项目实现治土地、管土地、用土地，努力取得经济效益和生态效益的双丰收。

（1）积极谋划盐碱地治理项目。近年来，国家投资近 50 亿元对镇赉、大安开展吉林西部土地开发整理项目，新增耕地 130 万亩，沟、渠、路等基础设施全部具备。但由于土壤碱性过高，一次性投入较大，地方政府和农民无力承担，目前种植面积不足 10%。针对这一难题，我们对盐碱地治理项目进行了整体谋划和包装。切实加大"进京跑省"力度，努力争取国家政策性资金支持和民间资本融入。目前，项目建议书已经完成，已上报省环保厅争取专项资金。待资金到位后，即可通过采取脱硫废渣治碱、以沙压碱、生物治碱等成功技术，加快土壤改良，实施百万亩水稻、燕麦草种植目标。

（2）积极推进有机食品基地创建。2015 年以来，我们重点创建有机辣椒、有机鱼、有机水稻等 8 个有机食品生产示范基地，全力打造"有机米、健康豆、精品肉、生态鱼"品牌。市环保局提前介入，实施空气、水、土壤监测，鼓励使用可降解农膜和农家肥，加强源头预防和污染治理。目前，洮南金塔集团辣椒和镇赉国营渔场有机鱼已被环境保护部批准为国家级有机食品生产基地。实施有机食品生产基地创建，不仅提高了农产品附加值，增加了农民的收入，而且对保护和提升土壤生产能力发挥了积极作用。

环境质量持续改善前提下的总量控制点滴思考

——以南通为例

江苏省南通市环境保护局　李建东

摘　要：在以主要污染物减排为 "刚性约束" 的总量控制制度下的主要污染物的总量平衡规则存在一定的缺陷，应该予以改革与创新。在确保同一区域、流域或控制单元环境质量持续改善的前提下，建设项目的总量需求可以优先或必须在同一区域、流域或控制单元内按照一定减量替代比例跨领域、跨行业进行平衡。

关键词：环境质量　总量控制　减量替代

一、问题的产生

从过去的 10 年来看，我国总量控制制度中的重要手段是实施主要污染物的减排。污染减排也上升为环境保护规划的 "刚性约束" 指标；污染减排控制指标从化学需氧量和二氧化硫 2 项，拓展到化学需氧量、氨氮、二氧化硫和氮氧化物 4 项；污染减排控制从工业源、生活源 2 大领域，延伸到工业源、生活源、农业源和机动车等领域。应该说，过去的 10 年，总量控制对削减污染物排放、区域环境质量的改善起到了积极的作用。但是，从目前经济发展的进程来看，工业经济仍然是国民经济中极为重要的组成部分，工业经济增长的过程中，需要一定的污染物总量来支持。按照环境保护部《建设项目主要污染物排放总量指标审核及管理暂行办法》（环发〔2014〕197 号）规定的 "游戏规则"，总量平衡规则方面存在一定的缺陷。一是污染物的总量平衡只能在相同领域中进行，也就是说，工业项目污染物的总量平衡只能在工业源污染物减排量中进行，不能拿农业源或生活源等领域的核定减排量来进行平衡；二是在工业领域，部分指标（大气指标中的二氧化硫和氮氧化物）的总量平衡不能跨行业进行，如非电力行业不能拿电力行业核定减排量来进行平衡。这样的"游戏规则"，导致在同一区域、流域或控制单元环境质量持续改善的地区，难以支持或支撑工业经济的持续发展，在一定程度上影响了区域国民经济的发展；同时，对各领域、行业的协同治污的积极性也造成了一定的影响。

二、以南通为例

南通市下辖 10 个区县，2015 年，地区生产总值 6 148 亿元，经济总量列江苏第四位，次于苏州、南京、无锡三市，三次产业结构占比为 5.8∶49.2∶45.0。

经环境保护部对江苏省的考核和省环保厅的核定，"十二五"期间及"十二五"末，南通超额完成了各年度及"十二五"主要污染物减排目标。2015 年，化学需氧量、氨氮、二氧化硫和氮氧化物排放量分别为 9.84 万 t、1.54 万 t、5.87 万 t 和 6.11 万 t，分别比 2010 年下降了 19.11%、15.64%、15.37% 和 26.37%。

在 2015 年水污染物排放中，工业源、农业源、生活源三大领域的化学需氧量排放量占比分别为 23.15%、45.53%、31.32%，农业源领域占比最高，生活源占比第二；氨氮排放量占比分别为 8.47%、39.31%、52.22%，生活源占比最高，农业源占比第二。大气污染物排放中，电力行业二氧化硫、氮氧化物排放量占工业的比例分别为 53.28%、63.83%，电力行业污染物排放量占绝对"优势"。

"十二五"期间，南通市工业源化学需氧量核定减排量为 8 480 t，用于工业项目的平衡量为 4 679 t，工业平衡量占工业核定减排量的 55.2%；生活源、农业源核定减排量分别为 22 508 t、8 155 t，用于平衡的量极少。工业源氨氮核定减排量为 652 t，用于工业项目的平衡量为 496 t，工业平衡量占工业核定减排量的 76.1%。同样的道理，"十二五"期间，南通电力行业二氧化硫、氮氧化物核定削减量达到 26 199 t、34 395 t，用于平衡量分别为 1 100 t、5 100 t，富余量分别达到 25 099 t、29 295 t；而非电力行业核定削减量分别为 3 024 t、1 687 t，平衡量分别为 2 884 t、1 628 t，二氧化硫用掉 95.4%，氮氧化物用掉 96.5%，几乎全部用尽。

从上述分析不难看出，就整个市域而言，主要污染物的总量平衡都没有超量，但由于地区的差异，部分地区、流域或控制单元无法实现自我的总量平衡。

三、点滴思考

（1）允许跨领域进行总量平衡。在确保同一区域或控制单元环境质量持续改善的前提下，建设项目的总量需求允许跨领域进行总量平衡，以此推动同一区域或控制单元不同领域协同治污的积极性。南通市下辖的海安、如皋、如东 3 地相对为农业大县，水污染物排放总量中，农业源化学需氧量占比都达到 50%以上，氨氮占比也都达到 45%以上，而工业源的化学需氧量、氨氮排放量占比均不到 20%。"十二五"期间，上述 3 地农业源排放量削减都达到 20%以上，为 3 地地表水环境质量改善做出了极大的贡献。但是，上述 3 地工业经济发展中，建设项目水污染物的总量平衡成为瓶颈，尤其是工业源氨氮无法进行总量平衡，虽然有许多农业源或生活源富余量，但也只能通过排污权交易从其他地区购买，影响了上述 3 地不同领域协同治污的积极性。因此，笔者认为，在"十三五"总量平衡顶层设计中，应该允许跨领域进行总量平衡。

（2）允许跨行业进行总量平衡。同样的道理，由于大气中的电力行业富余污染物量不能用于非电力行业使用，也影响了不同行业协同治污的积极性。南通市现役电力机组 63 台 7 352 MW，其中：火电机组 12 台 6 704 MW。"十二五"期间，通过特别排放限值、超低排放改造，二氧化硫、氮氧化物排放量极大下降，富余量达到数万吨。而非电力行业核定削减量中 95%以上用于非电力行业建设项目的总量平衡。加之产业结构地区的差异，60%～70%的地区非电力行业二氧化硫、氮氧化物无法进行总量平衡，虽然有许多电力行业的富余量，也只能通过排污权交易从其他地区获得，影响了不同行业协同治污的积极性。笔者认为，在"十三五"总量平衡顶层设计中，应该允许跨行业进行总量平衡。

（3）推行跨领域、跨行业减量替代。"十二五"后期，环境保护部《建设项目主要污染物排放总量指标审核及管理暂行办法》（环发〔2014〕197 号）规定，大气建设项目除超低排放外，都实行 1∶2 减量替代，江苏省环保厅从"十二五"初期就发文要求按 1∶2 减量替代。从南通市的实践来看，对几个重污染行业，由市政府发文，实行同行业按 1∶2 减量替代。5 年的工作表明，只要有一定的富余量，减量替代是可行的。根据南通市区域（尤其是县域）经济的发展及"十二五"富余量与工业项目的平衡量来分析，只要从富余量中拿出 5% 的核定减排量用于跨领域、跨行业替代，就可以满足区域（尤其是县域）经济的发展，也就是说，只要确定一个合适的减量替代比例，就能满足在"保护中发展"的要求。笔者认为，受让方所在区域、流域或控制单元环境质量持续得到改善的前提下，实施跨领域、工业中跨电力与非电力行业减量替代的比例按 1∶10 进行较为妥当，减量替代优先或必须在同一区域、流域或控制单元内进行，对已经实施排污权交易的地区，点源新增主要污染的平衡量必须通过排污权交易获得。

四、小结

"十二五"主要污染物的总量平衡规则存在一定的缺陷，改革与创新的总体方向是：在确保同一区域、流域或控制单元环境质量持续改善的前提下，建设项目的总量需求可以优先或必须在同一区域、流域或控制单元内按照一定减量替代比例跨领域、跨行业进行平衡。

嘉兴排污权交易的探索及思考

浙江省嘉兴市环境保护局　朱伟强

摘　要：2007 年嘉兴市在全国率先建立排污权交易制度，实行总量控制型的排污权有偿使用和交易，增强了社会各界对环境资源稀缺性的认识，凸显了资源要素使用绩效，切实推进要素市场化配置改革，促进了资源向优质行业企业集聚，运用市场机制倒逼企业转型。

关键词：排污权　市场化配置　有偿使用　转型升级

改革开放以来嘉兴经济社会快速发展，但随着经济的快速增长，环境保护问题也日益凸显。面对严峻的环境保护压力，嘉兴市积极探索开展了排污权交易试点，运用市场机制倒逼企业转型。截至 2016 年 3 月，初始排污权有偿使用累计 2 370 家，有偿使用金额 8.66 亿元；排污权交易累计 2 656 笔，交易资金 3.27 亿元；企业间交易 162 笔，交易金额 0.84 亿元；临时排污权交易累计 499 笔，交易金额 0.11 亿元，全市排污权有偿使用和交易累计金额 12.88 亿元。全市累计完成排污权抵押贷款 139 次，发放排污权贷款金额 6.94 亿元。基本实现了预期目标。本文就此项工作的必要性与可行性作论述。

一、排污权交易的必要性

（一）强化了环境资源意识

通过开展排污权有偿使用和交易，强化了领导干部和企业人士"环境容量是稀缺资源，环境资源占用有价"的生态文明理念，环境资源"有限、有价、有偿"的意识进一步深入人心。企业作为市场主体，将排污权作为自身发展的"基本生产要素"，更重视环境资源所产出的经济效益。

（二）促进了产业结构调整

一方面，对新建项目实行排污权有偿使用和交易，提高了重污染行业的准入门槛，环境容量流向了技术含量高、污染轻的行业；另一方面，对现有重污染企业实施差别化排污权激励机制，有力地推动了嘉兴市重污染行业整治提升工作。推动企业自愿实施以排污权为纽带的兼并重组，同时也减轻了政府关停重污染企业的资金负担。

（三）推动了环境管理转型

通过实施排污权交易，不仅全面摸清了企业污染物排放量，掌握了环境资源家底，也促进了环境管理在目标上由"浓度控制"向"总量控制"的转变，在过程上由"末端治理"向"源头控制"的转变，在方式上由执法监管"一手硬"向执法监管和宏观调控"两手硬"转变。

（四）筹集了污染防治资金

据统计，自开展排污权试点以来，全市已累计开展排污权有偿使用和交易5 959笔，政府收取的有偿使用费和交易总额累计达到11.93亿元，筹集的资金多数用于污染防治、减排设施、治污工程建设，为全市环境质量的改善提供了资金保障。

二、排污权交易的可行性

针对环保行业内外对排污权交易制度的质疑，嘉兴市十分注重深化排污权交易制度可行性的探索。按照先易后难、先点后面、稳步推进的思路，即从新建项目的新增排污权着手再延伸到老企业的初始排污权，从一个地区的试点先行再扩大到全市范围的全面推进，从单纯的业务管理到多层次的排污权金融信贷拓展，走出了具有嘉兴特色的可行之路。

（一）注重突破性，先易后难从新建项目启动排污权交易

找准切入点，以容易突破的新增排污权指标先实施有偿使用为突破口，既规避了法律和技术障碍，又能很快启动实质性的交易。尊重历史，鼓励企业总量减排。对之前已通过行政许可无偿取得的排污权指标企业暂时继续无偿使用。新老企业实行同样减排政策，当企业采用工程措施实现减排时，凡经核定完成减排指标后的削减量均可通过交易中心出让，企业可以从中获得减排收益。合理制订交易价格。核算同行业污染治理削减成本，结合指标的使用年限，同时充分考虑资源的稀缺程度等因素，确定了按 20 年的使用年限转让排污权指标的政府指导交易价。2011 年，根据浙江省政策将排污权的有效期限调整为 5 年，交易价格也作了相应的调整。

（二）注重全面性，适时启动初始排污权核定的有偿分配

试点先行，积累经验。初始排污权的配置是排污权交易的始点和基础，推出企业能够自主选择的交易方式：一次性购买、分期分批购买、临时购买和租赁。采用价格区别对待的方式，对老企业予以一定优惠。同时，建立和完善公平污染物减排量回购机制，回购价格高于老企业的初始价，低于新企业的有偿价。注重基础，摸清家底。全面推进初始排污权交易工作，出台政策、规定和办法，对全市 2 000 多家工业污染源初始排污量进行核定，核定结果基本反映了嘉兴市环境资源的使用现状，为排污企业合理、合法获得排污指标提供了技术支撑，为全面推进初始排污权有偿使用奠定了基础。以点带面，全面推进。经过前期试点，从 2010 年 7 月 1 日开始，全面实施初始排污权有偿使用工作，实行新老划断、区别对待政策，要求属地管理负责申购，实行政府鼓励性方式，企业可以自行决定申购意愿，政府在价格上根据申购时间予以阶梯式优惠，对未申购者在新建项目报批时实行制约措施。

（三）注重拓展，不断深化排污权交易制度的领域和内容。实行排污权抵押贷款机制

为帮助企业解决融资难、担保难的问题，在金融机构的支持下量身定做了排污权抵押贷款产品，将排污权作为抵押品，有效地缓解了中小企业资金短缺的压力，有利于排污权交易的开展。采取排污权公开竞价方式。在原先政府指导价机制的基础上，逐步向公开竞价演进，全市参与拍卖企业达 108 家次，成交金额 2 908 万元，平均成交价化学需氧量 20 万元/t 以上，二氧化硫 2.1 万元/t，氨氮 11.94 万元/t。为进一步深化排污权有偿使用和交易行为，充分调动企业参与污染减排和产业结构调整的积极性，开展了 COD 排放指标租赁工作，其目的是满足企业对排污指标的短期需求，解决企业生产中出现的临时性困难，同时有利于盘活排污指标，解决资源闲置问题，为经济发展提供服务。做好刷卡排污系统建设工作。企业刷卡排污总量控制制度是以落实企业环境保护主体责任为核心，可加大排污权有偿使用范围，扩大企业间排污权交易和租赁，加快形成优化环境资源市场配置机制，推动产业转型升级。自 2013 年以来，全市刷卡排污管理平台已建设了 9 个；企业端已建设完成 274 套，完成验收 261 套。

（四）注重持续性，深化环境资源要素市场化配置改革

以问题为导向，将"存量提质，提高资源配置效率""增量选优，提升项目落地水平""总量削减，确保减排目标落实"作为环境资源要素市场化配置的工作重点和方向。建立环境资源要素配置改革制度体系，分别明确了总量指标年度量化管理、排污权使用绩效评价和差别化的激励措施、建设项目总量准入和事后监管、规范排污权有偿使用和交易行为。

三、对深化改革的思考

十年的实践，基本实现了预期目标，但还存在问题与困难。如缺少"顶层设计"和系统规划支撑，排污权交易的法律、法规有待进一步完善。一级市场的形成由政府发挥主导作用，二级市场的形成由企业发挥主导作用，限于多种因素，

二级市场发育还不成熟。排污权交易监督管理存在难度，数据监测、计量、执法等手段滞后。因此，需要从以下几方面着手进一步深化改革。

（一）做好排污权有偿使用费征收工作

做好化学需氧量、二氧化硫两项老指标的再次申购工作。"十三五"期间，全市近 2 370 家企业排污权指标到期。为了保持政策的连续性和稳定性，必须完成新一轮的老企业排污权有偿使用费的征收工作。做好氨氮、氮氧化物两项新指标的首次申购工作。为促进排污权有偿使用试点工作的持续发展，加强对企业层面的宣传，提高认识从而积极主动地申购排污权。做好合同、票据、档案等管理工作。进一步规范有偿使用费征收的程序，严格按规定的征收标准收取排污权有偿使用费数额。按一厂一档收集汇总资料，并整理成册存档管理。

（二）逐步顺理市场交易平台功能

继续深化排污权有偿使用和交易，在全面实施排污权有偿使用、活跃二级市场等方面下更大功夫，发挥示范作用，加强政府宏观控制。通过实行总量量化管理制度，规范排污权来源，严格控制总量规模，重点是做实排污权储备和回购工作。逐步建立跨县域的全市统一的交易平台。尽快出台符合市场规律的排污权进场交易规则，通过招标、拍卖、挂牌和协议出让等市场交易方式出让排污权，由市场确定排污权的资源要素价格，通过市场价格导向，提高环境资源配置效率。推进企业间排污权指标的交易，提高二级市场的交易活跃度，鼓励企业在同行业或相关行业之间的临时交易等。完善排污权租赁、抵押和企业间交易机制，提高企业参与排污权有偿使用和交易的积极性。

关于浙江省台州市实行环境保护网格化监管的思考

浙江省台州市环境保护局 梁晓咏

摘 要： 根据台州市自身的经济特点，网格化监管是破解当前环境监管"人少事多"困境的有效措施之一。但在台州实施网格化监管，就必须解决"人、财、制度"等一系列问题，才能保证这一措施的实施效果。如能按网络化监管的要求建立相应的体系、保障体系等，则可预期其效果会较为良好。

关键词： 网格化监管 环境保护

十八届三中全会通过的《中共中央关于全面深化改革若干重大问题的决定》提出，要改进社会治理方式，创新社会治理体制，以网格化管理、社会化服务为方向，健全基层综合服务管理平台。目前，社会各领域均在推进实施网格化监管制度，所谓网格化管理，就是依托一定的平台和科技手段，将辖区按照一定标准划分为单元网格，通过落实人员职责加强巡查，建立一种监督和处置相分离的形式。近年来，环境保护网格化监管在全国各地都有一些探索，台州市也在路桥、玉环等地做了有益的尝试，本文将就上级关于加强环境监管执法的要求，结合本地实际，对台州市实行环境保护网格化监管作一些探索和思考。

一、台州市实行环境保护网格化监管的必要性

（一）实行环境保护网格化监管是国家、省的部署要求

党的十八大以来，党中央、国务院高度重视环境监管执法工作。2014 年 11

月，国务院办公厅下发《关于加强环境监管执法的通知》（国办发〔2014〕56 号），2015 年 1 月 1 日新《环境保护法》实施，4 月 24 日第 44 次省政府下发《浙江省人民政府办公厅关于加强环境监管执法的实施意见》（浙政办发〔2015〕46 号），都对环境保护、环境监管执法工作提出了更严格的要求，并明确提出各级政府要制定实施环境保护网格化监管制度，逐一明确监管责任人，落实所需的环境监管人员和执法装备。省环保厅也出台了《浙江省网格化环境监管指导意见》，对各级网格职责的划分提出了具体要求。

（二）实行环境保护网格化监管是当前环境形势的必然需求

当前，环境违法行为高发频发，环境信访仍在高位运行，环境安全形势严峻。2015 年，台州市共立案查处环境违法行为 989 起，责令限期整改、停产整治、关闭取缔企业 2 923 家，调处环境信访 6 196 件。这些数据一方面说明台州市环境执法监管力度空前；另一方面也说明台州市环境执法监管的形势异常严峻。但是，与之相对应的环境监察队伍力量严重不足，目前全市环保系统监察机构共有编制 255 人（其中实际在编在岗 40 人，在其他岗位混岗使用 215 人），总在岗人数 305 人（包括在编在岗 40 人，混岗使用 112 人，聘用人员 153 人），全市大部分乡镇、街道没有环保机构和环保人员，每年对全市 10 万多家工业企业环境监管、调处 6 000 多件环境信访和 11 400 多家企业排污收费工作，呈现人少事多，监管执法存在诸多盲区死角，出现防不胜防、管不胜管的局面，广大群众对此反响很大，实行环境保护网格化监管成为化解这一难题的"灵丹妙药"。

（三）实行环境保护网格化监管在台州市有实践基础

台州市环境监管网格化试点工作开展较早，早在 2012 年，路桥区就率先实行了网格化，在乡镇（街道）成立了环保办公室。2015 年，临海市作为全省开展环境监管网格化建设试点之一，试点工作已经得到了浙江省环保厅的充分肯定，为台州市在全省率先推广环境监管网格化建设积累了经验。2016 年 6 月，省环保厅领导两次到玉环县调研，认为玉环县环境监管网格化管理工作"基础工作扎实"。台州市实行环境保护网格化监管有一定实践经验，更容易操作。

二、台州市实行环境保护网格化监管需要解决的几个问题

（一）要解决经费问题，实现"有钱办事"

台州市在前些年就启动了企业环境监督员和农村环境监督员建设，但是实际效果并未达到预期效果，其中很大的一方面原因是经费问题。企业环境监督员本身拿着企业的工资，还要求他监督企业的环境保护行为，很难达到预期目标。农村环境监督员监督本村的环境保护工作，承担一定的追责风险，如果没有经费保障，很容易挫伤积极性，难以长期实施有效监管。实施环境保护网格化监管，重在基层，如果不能保障基层人员的必要待遇和执法装备，网格化就成为一纸空文。

（二）要解决人员问题，实现"有人管事"

台州市环境执法监管力量不足的问题较为突出，而"低、小、散"的小微民营企业众多，给环境监管也带来巨大压力。强化地方政府环境监管责任，完善基层环保机构，充实基层执法监管人员，实现执法监管重心下移、力量下沉成为当务之急。

（三）要理顺制度问题，实现"有章理事"

环境保护是一个系统性工作，涉及方方面面各个职能部门，并非环保部门一家之事。想要做好环境监管工作，需要由地方人民政府牵头，厘清政府与各个相关职能部门的环保职责，理顺各级网格之间的工作程序，建立良好的部门之间、上下级之间的协作机制。同时，要建立严格的督查考核机制和问责机制，确保网格高效运行。

三、台州市实行环境保护网格化监管的几点构想

（一）工作目标

要强调地方政府的环境保护责任主体，建立"属地管理、分级负责、全面覆

盖、责任到人"的网格化环保监管体系，实现"三清三到位"的总体目标（"区域清、职责清、底数清"和"监管到位、服务到位、互通到位"）。

（二）原则

属地管理、部门协作、分级负责和权责相当。2015 年 3 月 24 日，浙江省综治委下发了《关于推进全省基层社区治理"一张网"建设进一步深化"网格化管理组团式服务"的通知》，对村居（社区）网格化管理进行了明确的规定，因此环境保护网格在基层网格层面原则上应与社会治理"一张网"归并合一，避免造成基层网格的重复建设，导致人力、物力的浪费。

（三）监管体系

（1）网格划分。台州市域范围应划分为四级环境保护监管网格。台州市为一级网格，各县（市、区）、集聚区、开发区为二级网格，政府（管委会）主要领导担任网格长，分管领导为副网格长，负有环境保护监督管理职能的部门（机构）领导担任网格员。

乡镇（街道）、工业集聚区（含各类工业园区、经济开发区等）为三级网格，乡镇（街道）长（主任）、工业集聚区管委会主任担任网格长。要增挂环保办公室，人员由现有人员调剂，环保办公室工作人员担任本级网格的网格员。

行政村（居）、社区为四级网格单位。由驻村居（社区）干部担任网格长，村居（社区）环保工作人员为网格员。村居（社区）环保工作人员可由基层社区治理"一张网"的网格员兼任。

（2）网格职责。根据划分的四级网格分别明确各级网格的职责，网格职责划分实行"五定"原则，即定区域、定人员、定职责、定任务、定奖惩，做到网格边界清晰、责任主体明确、目标任务具体，并进行公开公示。人民政府应负责本级网格的建立、实施和运行，划定本辖区内各级环境监管网格，明确各相关责任主体和任务要求；负责统一组织、指导、监督下级网格环境监管体系的建立、实施和运行。市级环境保护职能部门应突出指导、稽查、环境执法职能，县级环境保护职能部门突出环境执法职能，乡镇环保办公室和驻村居（社区）环保工作人员突出环境监管职能。同时污染源排查、环境信访调处、环境违法行为查处等工作职责和工作程序还应当进一步作详细规定。

（3）保障措施。一是加强领导，各级政府成立环境保护网格化管理工作领导小组，由主要领导担任组长，负责推进本辖区网格化环境监管体系建立和相关工作落实。二是完善制度，强化各级各部门的责任落实，制订实施环保业务宣传和培训计划，制定网格运行评价办法和奖惩措施，保障各级网格单位高效运转。三是落实机构，在乡镇（街道）内设机构增挂"环保办公室"牌子，省级经济开发区、省级工业园区增加内设机构环保办公室，明确环保工作分管领导及配备必要的环境监管人员，推行综合执法，同时落实相关工作经费。四是加强监督，充分利用考核机制，加强督查通报，发挥新闻媒体和广大人民群众的监督作用，加强人大代表、政协委员的督政议政。五是严格问责，落实排污单位（个人）主体责任，依法严肃查处环境违法行为，对网格单位责任人和监管人员失职渎职、包庇环境违法行为的，依法依纪实施问责。

（四）预期效果

实施环境保护网格化监管制度，其最大特点就是实现了"横到边、纵到底"的全覆盖监管，针对当前环境执法监管存在的突出问题，从监管责任划分、机构人员落实、加强后勤保障等多方面，夯实了环境执法监管的基础，做到及时发现环境污染问题、及时调节环境信访、及时查处环境违法行为，切实改善区域环境质量，确保辖区环境安全。

完善温州市生态补偿机制的对策建议

浙江省温州市环境保护局　高永兴

摘　要： 十八届三中全会提出实行资源有偿使用制度和生态补偿制度，要坚持"谁受益、谁补偿"原则，完善对重点生态功能区的生态补偿机制，推动地区间建立横向生态补偿制度。完善的生态补偿机制有利于调动社会各方面保护生态环境的积极性，对促进优化经济结构和转变经济增长方式，促进区域均衡发展和社会的公平、和谐与稳定，促进生态文明建设，具有十分重要的意义。本文介绍了生态补偿的概念及国内外实践经验，并以温州市为例，系统阐述其在建立生态补偿机制方面已开展的积极有益的尝试，并深入剖析存在的问题，提出完善建议。

关键词： 生态补偿　生态补偿机制　生态保护　生态文明建设

十八届三中全会提出实行资源有偿使用制度和生态补偿制度，要坚持"谁受益、谁补偿"原则，完善对重点生态功能区的生态补偿机制，推动地区间建立横向生态补偿制度。就温州市实践而言，建立生态补偿机制具有得天独厚的优势和典型的示范作用，并且温州市也已开展积极有益的尝试，但进一步深化完善建立现有的生态补偿机制具有迫切性。温州市的重要生态功能区，包括江河源头、饮用水源保护区、自然保护区、生态公益林和生物多样性保护地区等，重要的如珊溪水利枢纽工程饮用水源保护区，大多分布在西南部山区，与欠发达地区基本重合。这些地区承担了十分重要的生态保护和建设任务。由此，当地的经济社会发展也受到了更多的条件制约。完善的生态补偿机制有利于调动社会各方面保护生态环境的积极性，对促进优化经济结构和转变经济增长方式，促进区域均衡发展和社会的公平、和谐与稳定，促进生态文明建设，具有十分重要的意义。

一、生态补偿理念及国内外实践

（一）基本定义和理念

生态补偿是对生态系统和自然资源保护所获得效益的奖励或破坏生态系统和自然资源所造成损失的赔偿。生态补偿应包括以下几方面主要内容：一是对生态系统本身保护（恢复）或破坏的成本进行补偿；二是通过经济手段将经济效益的外部性内部化；三是对个人或区域保护生态系统和环境的投入或放弃发展机会的损失的经济补偿；四是对具有重大生态价值的区域或对象进行保护性投入。

（二）国外实践

国外的生态补偿制度相对完善，涉及类型多、范围广。其中在流域生态补偿中通过市场手段补偿比较成功的案例有美国纽约市与 Catskills 流域（位于特拉华州）之间的清洁供水交易；南非则将流域生态保护与恢复行动与扶贫有机结合起来，每年投入约 1.7 亿美元雇佣弱势群体来进行流域生态保护。此外，德国易北河的生态补偿政策，厄瓜多尔通过信用基金实现对流域的保护，哥斯达黎加则通过国家林业基金向保护流域水体的个人进行补偿等也是流域生态补偿比较成功的案例。

（三）国内实践

国内的生态补偿实践主要集中在城市饮用水源地保护和行政辖区内中小流域上下游间的生态补偿问题，如北京市与河北省境内水源地之间的水资源保护协作、广东省对境内东江等流域上游的生态补偿、浙江省对境内新安江流域的生态补偿等，应用的主要政策手段是上级政府对被补偿地方政府的财政转移支付，或整合相关资金渠道集中用于被补偿地区，或同级政府间的横向转移支付。同时，有的地方也探索了一些基于市场机制的生态补偿手段，如水资源交易模式。浙江省东阳市与义乌市成功地开展了水资源使用权交易，东阳市将横锦水库 5 000 万 m^3 水资源的永久使用权通过交易转让给下游义乌市。在浙江省、广东省等地的实践中，还探索出了"异地开发"的生态补偿模式。为了避免流域上游地区发展工业造成严重的污染问题，并弥补上游经济发展的损失，浙江省金华市建立了"金磐扶贫经济开发区"，作为该市水源涵养区磐安县的生产用地，并在政策与基础设施方面给予支持。

二、温州市生态补偿工作现状

（一）生态补偿机制开展基本情况

2004 年开始，建立生态补偿机制工作摆上了温州市委、市政府的重要议事日程，市人大、市政协也非常重视生态补偿机制工作。在市各有关部门深入调研讨论和广泛征求意见的基础上，2008 年，市政府正式颁布实施《关于建立生态补偿机制的若干意见》（温政发〔2008〕52 号）。2011 年，市政府出台了《温州市生态补偿专项资金使用管理办法》（温政办〔2011〕48 号）。

此外，2013 年，市委、市政府出台《关于加快推进珊溪水源保护工作的补充意见》（温委发〔2013〕28 号），并专门就库区畜禽养殖污染整治和库区群众转产转业问题出台《珊溪水利枢纽水源地畜禽养殖场拆除补助办法》和《珊溪水源保护转产转业扶持资金使用管理办法》。

（二）生态补偿资金安排基本情况

根据《温州市生态补偿专项资金使用管理办法》（温政办〔2011〕48 号），目前，生态补偿专项资金来源包括市财政预算 5 000 万元；三区财政预算安排资金合计 1 500 万元；市财政收取的排污费中按 20% 比例提取，三区、温州经开区财政收取的排污费中按 10% 比例提取的资金，约 500 万元；珊溪水库原水价格中每吨提取 0.06 元作为生态补偿费，约 1 200 万元；珊溪库区环境整治专项资金 3 500 万元；珊溪库周群众生产发展扶持资金 1 000 万元，以上合计约 1.27 亿元。

生态补偿专项资金每年分配总量中，珊溪（赵山渡）水库和泽雅水库集雨区范围内的新造林和原有低效生态公益林的补植改造及迹地更新 500 万元，珊溪库区环境整治专项资金 3 500 万元，珊溪库区群众生产发展扶持资金 1 000 万元，政府性引导资金 1 000 万元。

市生态办负责分配管理的生态补偿专项资金约为 6 700 万元，用于珊溪（赵山渡）水库、泽雅水库饮用水源保护区涉及行政村群众的新型农村合作医疗保险和用于饮用水源保护项目建设的资金，新型农村合作医疗保险补偿标准按上年度文成县、泰顺县新型农村合作医疗保险筹资标准的平均值的 25% 计算，补偿人数为上年度有关县（市、区）位于珊溪（赵山渡）水库和泽雅水库饮用水源保护区内的行政村参加新型农村合作医疗保险的群众数。新农合个人补偿标准 2011 年、2012 年、2013 年分别为 45 元、85 元、100 元，库区参合金额 2011 年、2012 年、2013 年也分别为 39.07 万元、49 万元、51.06 万元，2011 年、2012 年、2013 年已分别拨付库区群众新农合补偿资金 1 758.31 万元、4 026.74 万元、5 105.57 万元。

（三）其他方式

2012 年，出台了《中共温州市委　温州市人民政府关于大力开展珊溪水利枢纽水源地人口统筹集聚和水源保护工程建设的实施意见》，进一步加大了对珊溪库区污染整治的投入力度，组织实施珊溪水利枢纽水源保护"五大"工程，计划投入 14 亿元，目前已基本完成 5.1 亿元资金投入。此外，温州市还在交通、文化、医疗卫生等民生基础设施建设上给予库区很大的扶持。

三、温州市生态补偿工作存在的问题

温州市生态补偿机制实施多年来，生态补偿的金额有所上升，库区污染整治以及新农合补偿工作的深化实施等工作得到了库区各界肯定，但温州市初步建立的生态补偿机制还是存在以下几个方面不足。

（一）生态补偿总盘子太小，标准过低

（1）总盘子太小。2011 年以来，1.27 亿元的生态补偿资金总额多年不变。市级财政预算安排资金和三区的财政预算等资金每年固定，并未充分考虑财政增长、物价水平和资源价格等因素。

（2）补偿标准过低。目前生态补偿标准的确定是以政府支付能力为基础而确定的，没有充分考虑自然资源及其产品的价格。如生态公益林，生态补偿专项资

金每年安排 500 万元用于新造林和原有低效生态公益林的补植改造及迹地更新，温州市生态公益林所有者所获得收益与补偿过低，目前补助标准为 21 元/亩，远低于宁波 75 元/亩和江苏 98 元/亩的补助标准。

（二）生态补偿形式单一，形式太局限

（1）补偿形式单一。目前温州市现行的生态补偿主要局限于资金形式，基本属于"输血型"补偿。这种"输血型"生态补偿机制无法解决发展权补偿的问题，而对于异地开发、库区经济发展整体帮扶等问题，温州市目前存在务虚多、务实少，讲的多、做得少。

（2）补偿受益对象单一。目前的生态补偿体系补偿受益对象主要是个人，村集体作为库区非常重要的组成部分，受益较少。

（3）补偿受益区域单一。市政府近几年出台的生态补偿，基本补偿区域都是指珊溪（赵山渡）库区和瓯海泽雅库区，鳌江流域及其他区域的生态补偿还未纳入市级生态补偿体系中。

（三）新农合补偿资金比重过大，分配不均衡

当前生态补偿资金分配方案为 6 700 万元左右的生态补偿非专项资金总额减去库区新农合补偿资金后，再按照集雨区面积、水域面积、生态公益林面积三项比例分配到有关县（市、区）。由于列入新农合筹资标准和参合人数增长快速，库区新农合所需补偿资金从 2010 年的 1 758.31 万元增到 2013 年的 5 105.57 万元，超过非专项生态补偿资金总额的 76%。这里主要带来两个问题，一是文成、泰顺不均衡。文成由于库区面积大，参合人数多，文成分配到的资金占总分配额的 60.5%，而泰顺实际分配比例仅占总分配额的 29.44%，泰顺意见很大。二是现有额度不足。随着新农合资金分配额不断增加，6 700 万元左右的非专项补偿资金相应的剩余资金用于饮用水源保护项目建设的资金就不断减少，此外，现有的额度也将很快难以为继。

（四）生态补偿资金结构不合理，亟待整合

（1）生态补偿专项资金结构不合理。调研中两地有共同的声音，目前的生态

补偿资金大部分都是用于生态环境保护项目的建设和运行，文成、泰顺两地在财力有限的情况下也配套了不少资金，这些所谓的生态补偿资金严格意义是库区水源保护工程的一部分，不应归属于生态补偿资金。而类似新农合这样的让百姓直接得实惠、直接受益的生态补偿资金项目太少，人均受益金额过少。

（2）温州市的生态补偿资金未有效整合。温州市发改、住建、水利、教育、卫生、文化、环保、林业、交通、扶贫办、移民办等不同部门采用了不同的形式进行了生态补偿，如林业部门的生态公益林补偿经费，这些资金非常分散，需要财政部门进行有效整合。

（五）库区建设历史遗留问题多，亟待统筹解决

（1）留守群众出路问题。珊溪水库共搬迁安置移民 37 199 人。但目前库区水位线（144 m）以上群众以及选择原来水位线下自愿后靠移民的群众还有近万人，这些群众中有相当比例目前养殖受限、捕鱼受限、交通不便、看病不便、就学不便、就业渠道狭窄，不折不扣地成为了困难群体，急需后续的扶持政策。

（2）一、二级水源保护区行政村改造集聚问题。珊溪水利枢纽一、二级水源保护区涉及 70 个行政村 39 323 人，这些村虽然已经作为优先实施农房改造集聚的重点范围，但目前改造集聚的进度仍滞后于目标要求，工作推进缓慢。

四、完善温州市生态补偿机制的建议

生态补偿机制的建立涉及政策、法律、财政以及许多规则和措施的制定，是一个复杂的工程，需要认真研究和逐步实施。根据调研中了解的情况，为加快完善温州市生态补偿机制，笔者提出以下建议。

（一）明确生态补偿范围和对象

生态补偿的范围，应以《温州生态市建设规划》确定的生态功能区为依据，突出对饮用水源保护区的生态补偿。市级层面的生态补偿重点主要集中在三方面：一是以赵山渡水库、泽雅水库为重点的跨区域供水城市饮用水源地保护生态补偿；二是以飞云江流域为重点的行政辖区内上下游间的生态补偿；三是以市级以上生

态公益林与自然保护区为重点的生态功能区生态补偿。各地应根据区域实际，划定本级的补偿范围，制定相应配套的补偿办法。

生态补偿的对象，市级重点饮用水源保护区的生态补偿对象应以泰顺县、文成县、瑞安市以及瓯海区人民政府为重点。生态公益林的生态补偿对象为生态公益林的经营者或所有者。楠溪江饮用水源保护区的生态补偿对象为永嘉县人民政府，跨区域供水地区乐清市人民政府应支付生态补偿资金。

（二）拓宽生态补偿资金总额

根据十八届三中全会提出的"要对资源价值进行合理价格核算，以使补偿确实能反映出保护的价值"的精神，以及《关于建立生态补偿机制的若干意见》（温政发〔2008〕52 号）"市财政在资金安排时，应充分考虑生态补偿专项资金的特殊性，在财力允许的情况下逐年增加，应不低于财政增长幅度"的要求，温州市要建立生态补偿专项资金逐年增长的收入机制。主要办法：一是建议逐年增加生态补偿专项资金的财政预算部分；二是逐步提高原水价格中库区水源保护费和水资源费征收标准，加快推进水价改革；三是建议将瑞安、平阳、洞头等赵山渡水库地供水地区的排污费也按一定比例提取纳入生态补偿资金；四是加强市级财政整合，建议市财政部门牵头对温州市住建、交通、农业、林业、水利、教育、卫生、文化、扶贫办、移民办等不同部门的具有生态补偿性质的补助资金进行有效整合。

（三）加大"输血式"生态补偿扶持

（1）提高生态公益林补偿标准。建议整合原有市财政补偿市级生态公益林的专项资金（约 1 000 万元）与生态补偿生态公益林专项资金（500 万元），设立省市生态公益林补偿专项资金，专项资金约 3 500 万元，省、市两级生态公益林补偿标准由现有的 21 元/亩提升至 26 元/亩，其中，省级及以上生态公益林专项资金补偿 5 元，市级公益林专项资金补助额由原有的 20 元提升至 25 元，并争取每三年提升一次。

（2）增设生态补偿民生专项资金。市有关部门要制定具体措施和办法，支持库区加快交通、水利、农业、林业、环保、市政、教育、卫生、文化等公共基础设施建设，优先考虑设立生态补偿专项资金。建议设立库周车队补偿专项资金，对偏僻地区交通不方便的车队进行补偿，以增加班车数量。建议设立库周村卫生所补贴专项资金，对库周偏远地区的卫生所进行补贴。建议设立库周环境保洁费用专项补贴资金。建议设立库周环保设施运维经费专项补贴资金。

（3）增设库周村集体生态补偿专项资金。参照苏州生态补偿模式，综合考虑行政村面积、常住人口数、村一、二级保护区面积等因素，对行政村进行生态补偿，调动库周群众的保护积极性。

（四）加大"造血式"生态补偿政策扶持

改变以资金作为主要补偿方式的做法，改"输血式"生态补偿为"造血式"为主、"输血式"为辅的补偿。

（1）加快出台"工业飞地"扶持政策。积极借鉴金磐、景鄞扶贫经济开发区的实践经验，总结自身经验，结合温州瓯飞工程的实施，加快出台实施"工业飞地"等政策，引导一些企业向"工业飞地"转移，本县人口在"工业飞地"就业，"工业飞地"享受税费、土地等特殊政策。

（2）加快出台库区转产转业发展指导目录。出台目录，加强引导，细化资金申请的行业范围、规模大小、环保标准，以及税收优惠、贷款贴息等政策措施，加快对库区生态容量进行科学评估。

（3）加快出台库区生态旅游发展规划。借鉴天目山、千岛湖等地成功经验，市政府出台库区生态旅游发展规划，支持库区发展生态旅游业，大力发展山水休闲度假、养老疗养地和观光采摘型农业等旅游产业。

（五）优化生态补偿方式

1. 积极开展生态系统价值评估

探索性开展生态系统服务功能的价值评估和生态系统综合评估等的研究，为生态补偿机制进一步完善建立和政策设计提供了一定的理论依据。

2. 积极实行奖惩型生态补偿

建立严格的水环境保护行政责任制，确保交界断面水质达到规定标准；对跨县（市）区河流水体，以及功能区水质按《地表水环境质量标准》控制的区域，在确保水质稳定达标的前提下，由市人民政府给予适当补助和奖励，相关经费从生态补偿专项资金中列支；对因上游排污超标造成下游重大污染的，上游地区应给下游地区相应的生态补偿，补偿数额由所在县（市）区人民政府根据污染程度核定解决，对于跨县（市）区的补偿数额，由市人民政府协调解决。

3. 研究探索市场化生态补偿

充分发挥温州市的体制机制优势，尽快建立水权等资源环境权益的市场交易机制，进一步优化环境资源配置，逐步建立政府引导、市场推进和社会参与的生态补偿机制。

4. 研究细化新农合补偿细则

建议市级生态补偿专项资金中设新农合专项资金，补偿标准不变，仍按上年度文成县、泰顺县新型农村合作医疗保险筹资标准的平均值的 25%计算，市人社局要细化出台新农合补偿细则，明确补助标准和补助对象，对不适合补偿人群要进行明确，并会同审计部门加强对新农合补助资金使用的审计。

5. 加强生态补偿资金绩效评估力度

建立补偿效果评估机制，建立生态补偿资金使用和管理的后续机制，加强资金审计工作，强化资金使用有效性。

此外，温州市还要在以下几个方面加大工作力度。一是国家、省级主体功能区建设试点工作。积极帮助泰顺、文成两地列入浙江省主体功能区建设试点。申报省级主体功能区，并争取列入重点生态功能区，以争取国家、省级更多的政策支持。二是大力推进库区农房改造和跨区域统筹集聚。最大限度地减少一、二级水源保护区人口数量，库区"两县一市"要把珊溪水利枢纽一、二级水源保护区70 个行政村 39 323 人作为优先实施农房改造集聚的重点范围。三是加大留守群众出路后续扶持政策。建议将留守群众出路后续扶持政策研究列为重点研究课题，并提出对策措施。

关于马鞍山市环保系统队伍建设的思考

安徽省马鞍山市环境保护局　王东滨

摘　要：近年来，随着经济的高速发展，环境保护面临着前所未有的压力，环境保护工作量呈几何级数量倍增，现有基层环保人员的力量已远远不能满足工作要求，加强环保人才队伍尤其是执法队伍建设刻不容缓。本文以马鞍山市环保系统人员状况调研结果为例，对马鞍山市环保系统人员情况和存在的问题进行深入剖析，并提出针对改革现有的僵硬的机关事业单位人事制度，加大环保机构改革力度的五点建议，旨在加强效能管理和建设法治机关上下功夫。

关键词：环保系统　队伍建设　环保机构改革

近年来，随着经济的高速发展，马鞍山市污染总量突破临界值导致环境质量恶化，环境保护面临着前所未有的压力，环境保护工作量呈几何级数量培增，现有人员的力量已远远不能满足工作要求，加强环保人才队伍尤其是执法队伍建设刻不容缓。近期，对全市环保系统人员状况进行了一次全面调研，在此简要介绍人员情况，分析存在的问题，并浅谈几点思考。

一、人员情况

（一）人员数量

全系统行政事业编制一共 258 名，实有 291 人。其中，市局编制 134 名，实有 122 人。三县三区局编制 124 名，实有 169 人。4 个新区、开发园区没有独立设置的环保机构，有的园区专职从事环保工作的不足半人，因此无法统计人员情况。

（二）年龄结构

市局 30 周岁以下人员占 7.3%；31～40 周岁人员占 30.9%；41～50 周岁人员占 26%；51 周岁以上人员占 35.8%。其中市局机关 31～45 周岁人员占 14.8%；46 岁以上人员占 85.2%。县区局人员年龄结构与市局大致相同。

（三）学历结构

市局中专以及下学历 1 人，占 0.8%；大专学历 31 人，占 25.2%；本科及以上学历 91 人占 74%（其中 41.8% 为夜大、函授）。三个县局中专及以下学历 36 人，占 25.5%，大专学历 63 人，占 44.7%；本科及以上学历 42 人，占 29.8%。三个区局学历结构好于县局，但差于市局。

（四）专业结构

市局环境保护类专业人员占 19.5%（其中 1/3 以上为函授）；化工类专业人员占 21.1%；法学专业人员占 16.2%；中文专业人员占 5.7%；其他专业人员占 37.4%。县区局专业结构明显差于市局。

二、存在的问题

（一）环保队伍人员质量令人担忧

环保职业是一个技术要求高的行业，环保工作不是单纯的蹲守排污口，环保监管更讲究超前思维和必要的技术支撑。马鞍山市环保队伍在人员质量上存在三个较突出的问题：

（1）年龄结构老化。市局 40 岁以下的人员不足 2/5。其中局机关人员老化现象尤其严重，46 岁以上的人员占了 85.2%，51 周岁以上的人员占了 63%。

（2）知识能力结构不合理。当前环保工作人员多数是军队复原人员或其他非环保科班出身人员，环保技术基础薄弱。市局科班出身的环保和化工专业人员仅占 1/3，即便是具有专业背景的环保人员，受管理要求不断提高、范围迅速扩大等因素的影响，能够给予监管对象的技术指导也是十分有限，难以满足当前和今后环保工作高强度、高标准、规范化的要求。

（3）学历层次看似较高，但不过硬。市局本科及以上学历人员占 74%，但有学士以上学位的人仅占 43%；很多人本科通过夜大、函授取得，没有学位。虽然能力不完全等同于学历，但两者有较为密切的关系。

以上问题在县区局更为明显。

（二）环境执法能力十分薄弱

（1）缺乏高层次专业人才。国务院办公厅关于加强环境监管执法的通知（国办发〔2014〕56 号）中，对环境监管和环境执法提出了更高的要求，重金属、挥发性有机物、危险废物、持久性有机物、放射性污染物质等领域为近年新增的管理范围，目前马鞍山市环保系统极少有这方面的专业人才。大部分新区、园区 2016年新增国家生态工业示范园区创建、规划环评以及污水处理厂管理等工作，均需要专业专职人员落实。

（2）市局执法队伍专业、学历、性别结构不合理。市局虽有法学专业 20 人，但全日制本科以上仅 1 人，自考也仅 4 人，能承担起专业法制工作的人员寥寥无几。市环境监察支队共有 32 人，有学士以上学位的仅 12 人，占 37.5%，而且这12 人中有一半年过 50 岁，新生代当中能担重任者屈指可数。且女同志占了一半人数，女性比例过高不利于现场执法。

（3）市局存在违规执法现象。市局机关 26 名行政编制中，处以上干部 13 人，工勤 3 人，科以下公务员仅 10 人，分摊到 8 个内设机构，1 个机构仅有 1 人。正常来说，环境管理人员到企业检查、验收等工作，必须有 2 名以上人员参加。尽管从下属事业单位借调多人，但部分科室（如项目管理科）仍仅 1 人，外出工作不符合法律规定的要求。

（4）县区环保局，新区、开发园区环境监察能力亟须加强。部分区执法人员力量极其薄弱。花山区环保局 51 岁以下执法的男性仅 2 人，博望区仅有 2 名兼职执法人员。各新区、安环园区连最基本的 2 名执法人员都无法凑齐。博望区局和新区、园区缺乏基本的监察设备。

（5）法制机构不健全。按照环境保护部、省环保厅和市法制办要求，作为行政执法部门应设立独立的法制机构，而我局仅有1名办公室同志兼职从事法制工作。随着依法行政工作要求的提升和新修订《环境保护法》的实施，行政事项的合法性审查、环境行政处罚、行政复议和行政诉讼等基础性工作将大幅增加，需要专门的机构人员来办理。

（三）人手缺乏带来一系列负面影响

（1）市局十羊九牧，青黄不接，借调人员吃苦又吃亏。局机关具体执行工作任务的人员少，一个科一个人，两个科的科长即将退休，科长退休科室就关门了。5年内还将有一批同志退休，青黄不接的隐患十分严重。局机关借调了9名事业单位的年轻骨干，借调人员在机关不能得到提拔，由于不在原单位工作，也影响了在原单位的提拔任用和职称聘用，既吃苦又吃亏，因而人心思归，对工作造成了一定的负面影响，有人还因此辞职。

（2）新区、开发园区无法正常开展环保工作。以郑蒲港新区为例，环保工作由经济发展局负责，该局6名工作人员（包括聘用）承担了发改、经信、安全生产、质监等20余个部门的工作，从事环保工作的人员不足1/3个人。在这样的人员配备下，却要承担水污染防治减排、大气污染防治、建设项目管理、日常新区企业环境监察、环保宣教、生态创建、秸秆禁烧、排污费征收、环境信访等各项工作。由于分身乏术，很多工作无法按市局要求完成。

三、几点思考

据了解，人手紧缺、执法能力薄弱是全省环保系统存在的共性问题，也是众多执法部门的共性问题。笔者认为，要从根本上解决这个问题，从国家层面考虑，要改革现有的僵硬的机关事业单位人事制度，加大环保机构改革力度，从我局自身角度，要在加强效能管理和建设法治机关上下功夫。

（一）建立能进能出的人员流动机制

环保队伍人员总量其实并不少，问题是干活的人、能干的人所占比例太少。

市局人员质量相对好一些，县区局几乎是解决复员军人和既得利益集团关系户就业问题的"慈善机构"。如果能将无用人员清退出去，招进有用人员，那么也不需要再争取编制。但由于种种原因，单位清退人员实施起来非常困难。多年来，几乎没有听说马鞍山市哪个机关事业单位开除过在编人员。这就需要国家层面从改革人事制度入手，加大对人员的考核、惩处力度，赋予单位清退人员的手段和渠道，使机关事业单位的"铁饭碗"变成"泥饭碗"。

（二）把好进人关

强化对新招录人员的专业素质把关，选择环保专业科班出身并有实际环保工作经验的人员充实到环保队伍，尽量避免使用非专业人员和其他转业人员。对于 35 岁以下的人员，学历门槛设置在全日制本科以上，不断优化环保队伍人员结构。

（三）加大环保机构改革力度

调整充实内设科室，科学设置下属单位和派出机构，建立结构合理、责权清晰、运作顺畅的新型环保组织机构，切实增强管理力量，确保能够基本满足日常环保工作开展的需要。就马鞍山市而言，新区、开发园区应设置独立的环保机构，每个园区至少有 3 名专职环保员，4～6 名兼职工作人员。在乡镇、园区设置县区环保局直管的站所，形成横向到边、纵向到底的环保工作格局。

（四）加强内部管理

一要用制度约束人。出台完善执法、例会、请销假等多项规章制度并强化监督，确保制度落实。建立多角度、多层次、全方位监督体系，确保令行禁止。二要在用人上"活"起来。大胆进行人事岗位调整，发挥每名干部的特长，做到各尽其能、各司其职。把想干事、会干事、能干事的干部提拔充实调整到重要岗位。对懒人庸人不迁就、不姑息，坚决调整并定期轮岗，为想干事、会干事的干部提供机会，杜绝庸人占据岗位不出活、能人想干无岗位的现象。

（五）建设法治机关

通过例会、讲座、座谈等多种形式，组织环保队伍开展对政策理论、环保法律法规、技术标准的学习。规范工作程序和规章制度，完善行政执法岗位职责及执法责任，全面明确执法事项，公开办事流程，倡导执法与服务并重的理念，努力实现服务与管理的"双赢"，做到为群众办实事，为企业解难事，为社会做好事。强化执法硬件建设，为有效查处环境违法行为提供有力保障。

环境保护融入"多规合一"改革的探索与实践

福建省厦门市环境保护局 王文杰

摘 要：厦门市环保局为实现市委、市政府提出的"多规合一"，设计了完善的改革思路和实施路线。通过扎实有效的工作，实现了环保一票否决、优化行政服务、简化环保手续等措施，并计划利用"多规合一"推进的契机，进一步推动环评、环境管理能力创新等方面的工作向前发展。

关键词：环境保护 多规合一 环境管理 城市治理体系

厦门市环境保护局紧紧围绕市委、市政府关于深化"多规合一"改革，实现城市治理体系和治理能力现代化的重要战略部署，将环境保护工作有机融入"多规合一"平台。不断探索将环境各要素融入社会、经济、国土、城乡等各领域，推行一系列新举措，转变工作职能，落实建设项目审批流程改革，充实完善"一张蓝图"，建立经济、社会、城乡、土地、环境等统一协调、功能互补的空间规划体系，推动实现全市一个战略、一张蓝图、一个平台管理。

一、改革的思路和途径

（一）完善顶层设计，促进规划合一

为实现环境保护空间的科学合理布局，厦门市在全省率先制定实施《美丽厦门生态文明建设示范市规划》和《美丽厦门环境总体规划（2014—2030 年）》，划定了 981 km^2 生态控制线，占厦门陆域面积的 57.7%，在控制线内划定 497 km^2

生态保护红线，纳入"多规合一"平台，实现从生态空间的融合到建设项目前期决策的无缝对接和立体式管理。"多规合一"的实施，充分利用信息化手段，建立统一的城市空间体系、统一的工作机制和平台，在同一概念、时限、标准、方法等体系下，促进各部门在环境保护方面充分探讨、协商，取长补短，拿出多方共赢的行动部署。"多规合一"平台，是以区域承载力为基础确定城市发展方向、发展规模和人口规模，在行政区域的空间范围和生态范围内实行环境、能源、经济、土地等资源的配置优化，能创造更多的环境容量和经济价值，保障优势企业的国际竞争力，并为未来创造更多的发展空间，保证城市发展的可持续性。

（二）确定城市开发边界，充实完善"一张图"

秉承空间是统筹各种发展和建设重要平台的理念，厦门市陆续将水、大气、噪声等环境功能区划、环保总规和各类规划环评要求等 9 个环保专题纳入"多规合一"平台，形成完整的环境保护辅助决策体系。按照美丽厦门战略规划、厦门主体功能区划要求，全面梳理产业政策、规划布局及规划环评结论等方面的措施，制定实施《厦门市建设项目环保审批准入特别限制措施》（环境负面清单），促进经济结构调整和转型升级。结合简政放权工作，强化规划环评与项目环评联动机制，在建设项目环境保护管理中落实规划环评成果，推动开展产业园区规划环评"清单管理"，使招商引资少走弯路，将经济结构调整、转型升级真正落到实处。为避免城市公共基础设施和重点工业企业项目对周边环境的影响，便于政府在项目落地前期做出正确判断，还将卫生防护距离纳入"多规合一"平台，推动空间利用有序平衡，促进经济社会与生态环境协调发展。

（三）明确环境制约因素，提升环境管理水平

厦门市坚持把"多规合一"作为强化政府空间管控能力的重要抓手，将《厦门市环境功能区划》《厦门市生态功能区划》和《饮用水源环境保护规划》等环保区划要求纳入"多规合一"平台，形成完整的环境保护辅助决策体系，为新建项目选址提供环保支持，保障开发与保护的统一。近年来，厦门市新型工业化、信息化、城镇化、农业现代化同步快速推进，资源需求刚性上升，城市发展规划逐步从"增量规划"转为"存量规划"、从重规模发展转为重优化发展、从重开发转

为开发与保护并重。为最大限度实现资源集约节约利用，厦门市将各行政区的环境总量控制要求和现状信息纳入"多规合一"平台，对二氧化硫、氮氧化物已达总量临界的区域，要求"上大压小"，取缔、拆除各种高污染燃料锅炉，实行集中供热，为经济发展腾出环境容量。

二、改革的进展和成效

（一）强化环境引领发展，实现环保一票否决

厦门市经历了从招商引资到招商选资的历程。在项目生成初期，根据行业的产业政策、城市规划功能定位和环境功能的符合性等方面提出项目环保意见。对可能造成重大环境污染、引发严重环境群体性事件、不符合环境功能区划和卫生防护距离的项目，实行环保一票否决。2015 年，全市暂缓出让 3 宗地块。通过实施"多规合一"，厦门市产业结构实现优化调整和转型升级。2015 年全市产业结构调整为 0.7∶43.8∶55.5，高新技术企业突破 1 000 家，占全省的一半，高新技术产值占规模以上工业总产值比重达 66%。平板显示、金融服务、旅游会展 3 条产业链产值分别突破千亿元，成为国内光电显示产业发展最迅速的地区之一。

（二）再造审批流程，优化行政服务

厦门市环境保护局与市行政服务中心、市发改委、市规划委等部门联合印发《进一步推进"多规合一"建设项目审批流程改革的实施意见》，优化和完善建设项目审批流程，将环境保护工作贯穿于"多规合一"全过程。主动参与项目前期策划生成，通过"多规合一"平台，及时反馈策划生成项目的环保意见，目前共参与生成项目 124 个。实施审批流程改革，推进建设项目并联审批，环评文件审批在项目开工前即可获得。2016 年以来共出具 24 份环保前期意见函，大大缩短了建设项目前期工作时间。发挥"多规合一"审批流程再造优势，主动服务，提高行政审批效率。2016 年以来市级审批平台共审批建设项目 41 个，有 39 个项目在承诺办结日期之前完成审批，项目提前办结率 95.1%，累计节约审批时间 343 个工作日。积极参与建设项目联合竣工验收，对环境影响较小的建设项目无须开

展监测或仅监测噪声，加快项目验收进程。

（三）深化环评审批制度改革，助推自贸区创新发展

厦门市环保局按照市委、市政府关于"多规合一"改革工作的指导思想，深入探索研究和创新。2016年4月，与中国（福建）自由贸易试验区厦门片区管理委员会联合印发《中国（福建）自由贸易试验区厦门片区深化环评审批制度改革方案（试行）》，先行在厦门自贸片区试行环评审批制度改革，简化环保手续的办理，实现自贸区环保工作由注重事前审批向注重事中、事后监管的转变。自贸区厦门片区填报《环境影响登记表》和编制《环境影响报告表》的建设项目分别实行豁免和备案管理，最多可为建设单位节省22个工作日的审批时间。在厦门自贸片区网站开设环境保护专窗，设立环评申报、备案与审批平台，建立环境保护工作服务超市，创新自贸区环保工作机制和方式。区内的企业办理相关环评手续不出自贸区，环保审批工作实现全程网上办理。推进厦门自贸片区规划环评的编制工作，强化规划环评对项目环评工作的指导和约束。在厦门自贸片区建立环评审批事中、事后信用评价机制，推动环保部门从单纯依靠行政手段向综合运用法律和信用约束等事中、事后监管手段转变，督促企业自觉履行有关环保法定义务和社会责任，提高企业环境守法意识和水平。

三、下一步深化改革的方向

（一）运用"多规合一"改革成果，推动环评审批制度创新

按照审批项目精简、方式创新、流程优化、事项依法的要求，厦门市大抓简政放权、放管结合、优化服务工程，能减则减、能放则放、能优则优、能快则快。制定出台《进一步简政放权深化环评审批制度改革实施方案（试行）》，通过简化审批环节、推行豁免管理、餐饮业分类管理等举措，下放"美丽厦门共同缔造"试点农村（社区）范围内基本不产生环境危害的项目审批权限，简化餐饮业环评审批程序，推动政务服务向农村、社区延伸，形成"市—区—镇—村"决策服务链，为群众办事提供更多便利。

（二）利用"多规合一"管理机制，推动环境治理体系创新

将"多规合一""商事登记"等管理机制有效串联，进一步转变政府职能，由注重事前审批向加强事中、事后监督管理转变，放管结合，建立双随机抽查、环保信用等级、环评"黑名单"、联动监管和监管制度调整等各项工作制度。利用"多规合一"管理机制，加强部门间协调运行和监控考核结果推送，切实做到"宽进严管""放得下、管得住"，不断提升城市环境治理能力。

（三）巧用"多规合一"平台特性，推动环境管理能力创新

持续深化"多规合一"改革探索，形成高效透明的行政管理体制，加强公众参与监督。制定出台《厦门市环境违法行为有奖举报暂行管理办法》和《厦门市建设项目环境影响评价信息公开机制方案》，强化建设单位信息公开的主体责任，及时披露建设单位环境信息，鼓励群众举报，震慑环境违法行为。同时，推动"智慧环保"系统工程，尽早实现"智慧环保"与"多规合一"的平台对接，建成"线上线下环保局"，畅通公众参与渠道、维护公众环境权益，逐步实现由绿色决策带来的绿色生产和生活。

"多规合一"创造性地突破了将各类规划简单叠加整合于一张图的"纸上规划"，实现了城市治理体系和治理能力现代化的重大探索，是发展理念和行政审批方面的创新性改革。厦门市将不断探索生态环境保护融入"多规合一"平台的有效途径和方法，进一步健全生态环境空间管控机制，努力实现环境管理"由要素管理走向综合协调、由末端治理走向空间引导"，落实主体功能区战略，优化国土空间开发格局，高起点推进生态文明建设。

正确处理五种关系，扎实做好基层环保工作

山东省东营市环境保护局　徐竞科

摘　要：市县环境保护部门处在最基层、最前沿，担负贯彻执行国家环保法律法规和政策的重要责任，必须正确处理经济发展与环境保护的关系；正确处理环保工作与环保部门职责的关系；正确处理环保治理目标与现实基础的关系；正确处理执法监管与社会监督的关系；正确处理履职尽责与考核追责的关系，扎实做好基层环保工作。

关键词：基层环保　五种关系

市县环保部门处在环保战线的最基层、最前沿，担负着在基层全面贯彻执行国家环保法律、法规和政策的重要责任。从近年来多地实际情况看，基层环保部门在具体工作中还面临着不少的困难和问题，直接影响了生态环境保护工作的成效。必须正确处理好五个方面的关系，为基层环保工作创造良好的环境，真正形成党政齐抓共管、全社会共同参与的大格局。

一、正确处理经济发展与环境保护的关系，加快推动形成人与自然和谐发展的现代化建设新格局

近年来，随着国家环保法律、法规的不断出台，环保执行标准的不断加严，环保考核问责制度的建立，各级各地对生态环境保护工作的重视程度不断提高，措施不断加大，污染防治工作的成效初步显现。但在有的地方，片面追求经济增长的意识仍然根深蒂固，重视环保只是喊在口头，特别是涉及对地方经济发展有较大贡献的工业项目的上马，更是义无反顾，无视对区域环境的负面影响。因此，

平衡经济发展与环境保护的关系，把哪个摆在第一位，仍然是我们在实际工作中遇到的一个关键问题。地方党委、政府对环保工作的重视程度和决策能力，直接影响基层环保部门的工作思路和方式方法。既要金山银山，又要绿水青山，绿水青山就是金山银山。历史经验告诉我们，发展经济必须保护环境是发展经济的本质要求，保护环境是可持续发展战略的基本要求，经济发展与环境保护是相辅相成的，二者缺一不可。特别是我们已经走过了一段"重经济发展、轻环境保护"的弯路，当前的生态环境已经不堪重负，再沿用原有的发展模式，经济发展将不可持续，生态环境也将受到不可逆转的灾难性破坏。我们要用长远的眼光，从战略的高度深刻认识经济发展与环境保护的一致性，不能再走"先污染、后治理"的老路，要有生态环境保护优先的战略思维，树立经济发展与环境保护并重的发展理念。一是调整优化经济结构，转变经济发展方式，注重发展绿色 GDP。优化投资结构，坚决控制高污染、高耗能的投资项目，优先保障科技含量高、资源消耗少的项目，鼓励集约型、规模化开发，确保优质资源向优质企业聚集。加快改造提升传统产业，推进企业技术创新体系建设，提升高新企业的产值比例。大力发展循环经济，引导企业清洁生产，最大限度控制污染物的产生量和排放量，推动"三废"综合利用。按照资源利用集约、产业定位明确的原则，合理规划和布局工业园区，通过强有力的措施推进工业项目向园区聚集，推进产业园区化。二是严格落实环保标准，倒逼企业转型升级。以环境质量改善为导向，以环境质量标准为根本，不断修订和完善污染物排放标准体系，实现由行业排放标准向区域综合排放标准的转变，制定和实施不断加严的地方污染物排放标准，以高标准倒逼企业加强技术改造和污染防治，逐步淘汰落后产能和落后工艺。三是不断完善科学的考核监督机制。突出生态环境指标，完善发展考核体系，充分发挥考核指挥棒作用。在科学发展观综合考核指标体系中，大幅度增加环保指标所占分值比重，适度弱化经济发展指标。建立环境保护突出问题一票否决和问责制度，考核结果和问责情况作为干部调整和奖惩的重要依据，以此引导各级各部门进一步重视和做好环保工作。

二、正确处理环保工作与环保部门职责的关系，努力构建环保工作大格局

近年来，环保工作领域越来越宽泛，部门职责分工模糊不清的问题比较突出。地方党委、政府多安排环保部门牵头落实，基层环保部门外部受职权所限，内部科室和人员少，分工不精细，协调落实的难度很大，亟待建立一个齐抓共管的大格局。一是进一步明晰各部门环境保护职责。目前我们实施的环保工作管理体制是环保部门统一监督管理，各部门各负其责。但由于自上至下各部门的环境保护职责不清晰，往往是涉及环保的工作就落到环保部门头上，经常出现要么越位，要么缺位的情况，事倍而功半。二是全方位构建横向到边、纵向到底的环保工作网络。市级调整充实环境保护委员会，市长任主任，分管副职任副主任，环保、发改、经信、住建、城管、水利等部门和县区主要负责人为成员。下设办公室，作为市政府直属常设机构，承担环境保护目标规划、任务分工、政策制定、督查考核等职能，负责环境保护委员会日常调度工作，重大问题、重要事项向环委会请示报告。县区和市属省级以上开发区参照此模式。乡镇和县区属省级经济开发区成立安环所，环保设立专门编制和人员，与安监合署。村级设立环保协管员，由乡镇安环所直接管理。三是进一步明晰环保部门内部职能，合理设置内设机构。地方党委、政府根据有关法规和上级要求，组织研究修订"三定"方案，进一步明晰环保部门的职责。充实环保部门人员，合理调整内部机构设置，明确科室职责分工，激发内部活力。四是增强环保执法力量，设立"环保公安"。环保部门没有列入行政执法序列，执法力量薄弱，缺少必要的执法配备。违法犯罪案件移交程序烦琐，公安部门多以证据不足、材料不全等为由，不愿接收。为解决执法"尴尬"问题，可从公安食药环侦支队抽调部分干警，成立派驻环保机构，配备必要办案设施，人员编制待遇不变，日常管理和考核受环保部门领导，与环保部门的监察队伍共同查处环保违法犯罪案件。

三、正确处理环保治理目标与现实基础的关系，建立更加科学合理、扎实有效的目标体系

当前，大气、水、土壤等环境污染问题突出，直接影响了人民生活质量，群

众反响强烈，对各级给予厚望。各级党委、政府和相关部门压力巨大，相继采取了力度空前的治污措施，取得了明显成效。但我们也应看到，环境污染是我们多年经济快速发展一个不可逾越的阶段，是长期资源无序开发问题的积累，我们必须充分认识污染治理的长期性、艰巨性，合理制定目标，研究采取扎实有效的措施，多在治本上下功夫，杜绝短期的表面文章。一是突出长期性、综合性，研究建立全方位的治理目标体系。环境污染治理涉及方方面面，部门职责交叉，治理内容相互关联，前后相互影响，必须统筹规划，长远考虑，综合各方面的因素，研究制定污染治理目标。要层层分解落实各级各部门目标责任，明确奖惩措施，增强完成任务的主动性。二是坚持分期实施，扎实完成阶段目标任务。完成阶段性或局部目标任务是完成整体目标的基础和保障，必须坚定不移，调动一切力量，打好攻坚战。对于任务艰巨、难度较大的工作目标，一旦确定，要保持不变或微调，减少基层工作的被动。三是增强可操作性，注重工作实效。各地经济社会发展水平不一，环境保护工作基础差别大，我们在坚决落实上级目标任务的同时，必须充分考虑各地实际情况。特别是有的地方，历史欠账多，基础设施滞后，资金不足，尽管使出全力，仍然与上级下达的限期治理目标相差甚远。有时为完成考核督查目标，规避风险，只能采取应急措施，难以实现从根本上治污的目的。因此，在坚决落实上级治理目标的同时，充分考虑各地不同实际情况，对基础条件好的要"快马加鞭"，提前完成；对"重灾区"治理期限要留有余地，看其措施和成效，增强他们完成治理目标的信心和决心。

四、正确处理执法监管与社会监督的关系，充分调动和发挥各方面积极性

环境污染问题主要来自工业企业，防治污染必须落实企业的主体责任。但是，许多企业负责人素质不高，社会责任感不强，遵纪守法观念差，防治污染主动性、积极性不高。环保执法人员少，技术力量和配备不到位，难以实现全方位监督管理，不能有效地推进企业主体责任的落实，必须多措并举，调动各方面积极性。一是重点监管。针对个别阶段和重点区域存在的突出问题，集中人员，集中时间，采取专项行动、突击检查、夜查等办法，严厉查处企业违法行为。对存在突出问题的一律实施顶格处罚，该移交的要及时移交，切实起到对企业的震慑作用。二

是政策拉动。严格落实生态补偿、排污权交易、上网电价补贴等政策措施，政府设立企业环保设施按期改造升级、达标排放奖励扶持资金。完善招商引资政策，对按照政府统一规划，跨行政区域异地建设、搬迁的项目，通过税收分成、转移支付等措施，鼓励企业向园区集中。积极推进环境信用评价体系建设与应用，将企业的环境违法行为与企业及其负责人经营、荣誉、奖惩等密切关联，鼓励企业建立良好环境信用，让违法者寸步难行。三是社会监督。在电视台、电台、报纸、网站等大众媒体，定期公布企业环保违法行为和查处结果，邀请媒体参与执法全过程，跟踪企业整改落实情况。设立有奖举报，及时查处信访、电话、网络等举报，积极支持环保公益诉讼。通过执法监管与社会监督等综合措施，逐步走出企业违法成本低、守法成本高的怪圈，在社会上形成不敢违法、不能违法、不想违法的良好氛围。

五、正确处理履职尽责与考核追责的关系，进一步激发基层环保工作活力

基层环保人员工作直面企业，工作任务重，业务要求高，风险和压力大。近年来，各地环保违法案件频发，基层环保人员被追究责任的案例不胜枚举，从一定程度上影响了工作积极性。必须不断改进完善考核和追责制度，严格落实奖罚措施，真正体现公平公正。一是完善基层环保部门考核体系，细化责任目标，加强日常监督。对因履职不当、失职渎职、吃拿卡要、徇私舞弊等行为，严肃查处，对其他人员起到教育警示作用。二是对主观履职尽责、客观因素导致意外事件的，要区别对待，分清责任，建立尽职免责机制，不能一味考虑社会影响和群众关注，环保部门该负的责任一定要承担，没有责任或责任较小的应免除或减轻处罚，以调动和保护好基层环保人员的工作积极性。三是积极创造条件，不断提高环保人员的履职尽责能力。在明晰基层环保部门职能的基础上，合理确定工作岗位职责，配备相应的工作人员和必要的工作条件，该增编的要增编，该加入的要加入，避免"小马拉大车"、有限权力与无限责任等现象。开展经常性和有针对性的业务培训与学习，提高环保人员业务知识储备和工作能力，有效应对复杂多变的环保工作。

新环保法实施以来江门环境执法的问题与对策

广东省江门市环境保护局　赵炎强

摘　要：新环保法实施以来，江门市环境执法取得积极成效，环境监管执法工作体现出"快、准、狠"的特点，但也存在企业违法成本低、环境执法取证难、行政与司法衔接不足等问题，若改变需从细化地方法规及其部门协作与衔接等方面入手。

关键词：新《环境保护法》　环境监管执法　执法联动

一、环境执法的情况和成效

新《环境保护法》实施后，赋予了环保部门按日计罚、查封扣押、限产停产、移送行政拘留等执法权，为环保部门的环境执法武装了钢牙利齿的"撒手锏"。2015年，江门市环保部门围绕贯彻落实新《环境保护法》和《广东省环境保护条例》，以深化"环境法治年"活动为抓手，全面开展环境保护大检查，实施推进新一轮环境大整治，环境监管执法工作不断深化并取得新的进展成效。据统计，全年全市各级环保部门检查企业 13 756 家次，立案查处环境违法行为 683 宗，申请强制执行 174 宗，限期整改企业 709 家，限期治理企业 7 家，责令停产企业 127 家。环保、公安联合开展专项执法行动 10 多次，移送公安机关行政拘留案件 11 宗、涉嫌环境犯罪案件 21 宗。

通过加强环境监管执法，对环境违法行为零容忍、重打击，形成高压态势，不断挤压环境违法企业生存空间，把守法变成新常态。2015 年全市和市本级接到环境投诉事项与 2014 年相比，分别下降了 4.9% 和 25.2%，群众环境投诉呈现"双降"趋势,群众对环保工作的满意度不断提高。

二、环境执法的主要特点

新《环境保护法》实施的新常态下,江门市环保部门不断加大环境监管执法力度,善用、敢用新《环境保护法》赋予的强力手段,环境监管执法工作体现出"快、准、狠"的特点。

"快":根据新《环境保护法》及其配套办法,对企业事业单位和其他生产经营者违反法律法规规定排放污染物,造成或者可能造成严重污染,县级以上环境保护主管部门可以对造成污染物排放的设施、设备实施查封、扣押。从江门市环保部门查处的查封扣押案件来看,体现出环境执法之"快"的特点,环保部门通过充分利用查封、扣押违法企业排污设施设备的执法手段,快速查处一批偷排偷放、违法排放含重金属生产废水等造成严重污染的环境违法行为,及时解决群众反映强烈的突出污染问题。

"准":公检法积极介入,环境行政执法得到司法机关有力支持,环境执法从以前单一的行政执法转向行政执法和刑事打击相结合的新常态,打击环境违法犯罪更精准、高效。从江门市 2015 年移送公安机关的 21 宗涉嫌污染环境犯罪案件来看,非法排放含重金属等污染物超标 3 倍以上的涉刑案件较为集中,其中江门市环保局移送 10 宗、鹤山市环保局移送 2 宗、开平市环保局移送 5 宗,此类环境违法犯罪成为环保部门和公安机关严厉打击的重点。

"狠":新《环境保护法》和《广东省环境保护条例》,以及于 2006 年 1 月 1 日起实施的新修订的《大气污染防治法》,都进一步加大对环境违法责任主体的责任追究力度,特别是罚款数额大幅提高。在铁腕治污的新常态下,江门市环保部门坚持问题导向,在着力解决群众反映强烈的环境问题和改善环境质量上亮狠态度、从严执法,进一步加大处罚力度,罚金额度普遍提高。如开平市环保局对开平奔达纺织第三有限公司外排废气超标的违法行为实施按日连续计罚,时间从 2015 年 5 月 1 日起至 5 月 25 日止,持续违法 25 天,每日罚款数额为 5 万元,按日连续处罚总计罚款数额达 125 万元,提高了环境执法的震慑力。

三、环境执法存在的主要问题

（一）经济下行压力大等不利因素的影响，使企业对环境违法行为依然抱有侥幸心理

当前国际经济形势尚未根本好转，加上国内劳动力成本增加、行业竞争加剧等各种不利因素的叠加，企业追求利益最大化的价值观念，造成为降低经营成本而不愿过多投入环境治理。

（二）环保成本较高以及行政强制权的适用问题，在一定程度上造成环境执法陷入"查处—拒不整改"恶性循环的怪圈

由于一些行业的环境治理需要投入较大的资金，甚至高于违法排污行为的顶格重罚，企业宁愿被罚款也不愿意加大投入。同时，由于行政强制权的适用问题，环保部门未能对此类企业直接采取强制措施，导致环保部门的执法陷入"查处—拒不改正—查处—拒不改正"不断循环的怪圈。如在最近环境保护部通报的 2016 年 1—2 月冬季大气污染防治督查情况中，江门市一家平板玻璃生产企业因生产线脱硝设施未建成、氮氧化物长期超标排放而被予以通报，而此前江门市环保部门先后针对其外排废气超标违法行为给予 4 次行政处罚，但却未能根治其超标排污行为。

（三）执法取证难的现象仍难根本扭转

环保部门受执法取证手段有限制约和违法排污企业阻碍，执法取证难。对污染企业进行现场调查取证时，企业在场员工不作指证和回应，见到执法人员检查，立即"丢盔弃甲"一走了之。另外，最初查处污染环境类案件时往往只查获普通工人，环保部门对其制作询问笔录后即让其离开，待案件移送公安机关后，这些工人很难再次找到，无法重新收集、制作询问笔录，导致案件证据比较薄弱。

（四）行政与司法取证规范不统一，"两法"证据衔接不足

刑事证据规格高于行政证据，行政部门收集的证据常常达不到刑事诉讼要求。环保部门取证着眼于排污企业的外排污染物，相关检测标准也仅限于外排污染物，但司法机关取证注重排污企业内部造成外排污染物超标的证据链，存在与环境监测规范不相符的情况。

四、有关对策与建议

（一）强化服务，主动扶持，为依法治污企业提供良好的经营条件

各级政府和有关职能部门要主动深入基层了解企业的经营情况，主动协调解决存在困难。特别是在当前经济环境下，要切实加大帮扶力度，对企业的治污工作给予技术、金融、税收等支持，扶持企业走出困境，在政策上引导企业树立自觉治污、依法治污的意识，实现从"要我治污"向"我要治污"的转变。

（二）进一步完善相关配套法规及实施细则，强化基层执法工作

一是完善按日计罚制度及实施细则。新修订的《环境保护法》为排污者违法排放污染物的按日连续罚款提供了法律依据，鉴于当前严峻的环境形势，应结合环境管理的实际需要，尽快完善按日计罚制度，增加按日计罚的违法行为的种类，提高违法成本，细化按日连续罚款组成要素的计算数额、幅度或标准，为基层环境行政执法提供实作操作指引性规定。

二是细化行政强制措施有关标准。新修订的《环境保护法》将查封、扣押两种形式的行政强制措施权直接授予县级以上环保主管部门，提高环保执法的震慑力。但是，新《环境保护法》条款中关于查封、扣押的条件设定也是从宽把握，留有一定的自由裁量权，这都亟须在地方立法实践中细化有关标准，指导环保部门依法用好、用足行政强制措施，严厉打击环境违法行为。

（三）进一步加强协同、配合和衔接，推动"两法"实现无缝对接

一是加强执法联动。强化环保部门与公安机关在侦办环境污染犯罪案件中的联动机制。对查办时效性比较强且取证困难的案件，或者需要采取强制措施调查取证的案件，建议公安机关按照《关于公安机关提前介入行政执法机关办理的案件以及联合办案制度的规定》提前介入或联合办案，联动环保部门及时有效打击环境违法犯罪行为。

二是加强"两法"衔接。强化环境行政执法与刑事司法衔接，规范执法取证程序，加强现场证据的固定和保全，建议由检察机关向上级有关部门反映，进一步简化证据认定流程，明确案件移送标准，提高办案质量和效能。

三是加强跨部门的办案交流和执法业务培训。进一步加强环境行政执法与刑事司法的业务培训与研讨，深化环保部门与司法机关的办案交流和合作，提高执法人员环境刑事办案水平。

市级环保部门如何尽职免责的思考

广东省肇庆市环境保护局　车方令

摘　要： 市级环保部门要明确自身职责，严格履职，要落实好市委、市政府各项环境决策，发挥地方统一环境监管职能，指导和监督县级政府和环保部门落实环保监管职责，切实化解人民群众矛盾纠纷切身处地参与和指导县（市、区）级环保部门落实环境监管职责。

关键词： 环境决策　统一监管　监督指导　尽职免责

市级环保部门作为省级环保部门和县环保部门的中间部门，起着承上启下的作用，在推进地方环境保护工作中发挥着重要的作用，环保工作做得好不好对社会经济社会发展有着重要的影响。市级环保部门要履行好职责，避免不必要的追责，务必要不折不扣参与和落实好市委、市政府各项环境决策，充分调动各负有环境监管职责部门参与环境监管的积极性，指导和监督县级政府和环保部门落实环保监管职责，实现经济的可持续发展，切实化解人民群众矛盾纠纷，为市级环保部门创造较为宽松的履职环境。下面就结合肇庆市环保局的履职情况浅谈一下市级环保部门如何履行环保监管职责。

一、尽职免责必须要落实好政府环境决策

市级环保部门要积极参与政府经济社会发展的综合决策，要坚持守住环境质量达标或不突破设定的环境质量目标的底线。底线守住了也就守住了履职的及格线。而对肇庆市环保部门来说，完成守住西江水质、完成污染减排和做好大气污

染防治三项市政府的重要环境决策任务也就守住了履职的基本及格线。

（一）要牢牢守住地方的环保底线

肇庆市位于广东省中西部，流经肇庆市的主要河流是西江和北江，其中西江为珠江的重要支流和珠三角地区的重要水源，守住了西江的水质，就是守住了肇庆市的环保底线。为贯彻落实好市委、市政府"坚决保护好西江水质"重要决策，肇庆市环保局通过严格环保准入，加大饮用水水源地保护，加大对独水河、青岐涌、石咀涌等内河涌综合整治力度。2015年，西江、贺江等大江大河干流肇庆河段水质优于Ⅱ类标准，水质达标率100%；11个集中式饮用水监控断面水质均达到Ⅱ类标准，饮用水水源地水质100%达标；星湖水质逐步改善，富营养化指数同比下降。

（二）要切实完成污染物减排任务

为落实好2015年肇庆市的减排任务，2015年共完成200个减排项目，完成了4个污染减排国家责任书项目。新建成10座城镇污水处理厂，累计建成投运城镇污水处理厂29座，新增污水处理能力16.9万t/d，污水处理能力增至67.9万t/d。圆满完成了"十二五"减排任务，主要污染物排放量得到有效控制，污染减排工作在2013年、2014年都被省评为优秀。

（三）要切实做好空气防治工作

肇庆市环保局联合相关职能单位以推进以工业源治理、扬尘源防治、机动车污染防治和农业源整治为防治重点的"四大战役"，空气质量实现了明显好转，提前两年完成省政府下达的空气质量改善目标要求。2015年，全市空气质量综合指数为4.32，同比下降20%，全年空气质量优良天数为312天，同比增加57天，其中一级优天数同比增加102.6%。AQI达标率为86%，同比上升13.1个百分点；细颗粒物（$PM_{2.5}$）和可吸入颗粒物（PM_{10}）年均值浓度分别为39 $\mu g/m^3$和56 $\mu g/m^3$，同比分别下降25%和24.3%。2016年第一季度，我市空气质量综合指数达标天数为85天，达标率为93.4%，比去年同期增长19.0%，$PM_{2.5}$同比下降30.9%。市民群众纷纷点赞"肇庆蓝"，有效缓解了群众对空气质量不满的情绪，为环保部门履职创造了较为宽松的环境。

二、尽职免责必须依法履行地方环保统一监督管理的职责

市级环保部门对市政府环保工作实施统一监督管理。环保监管工作涉及多个部门，要落实好环保监管职责，必须要充分调动各职能部门参与环保的积极性，务必明确相关部门在其职责领域环保工作的主体责任，将责任分解到位；监督相关部门履行职责，将压力传递到位。

（一）要充分落实各相关部门的监管责任

2016 年，肇庆市环保局根据市级各环境监管部门的职责和肇庆市环境监管工作的实际情况，代拟了《肇庆市环境执法联动工作机制实施意见》，并以市委办、市府办名义印发了《肇庆市环境执法联动工作机制实施意见》，明确了相关部门在其职责领域环保工作的主体责任，将责任分解到位；监督相关部门履行职责，将压力传递到位。2015 年，肇庆市、县两级均设立"环保警察"。

（二）要将多部门执法落到实处

市政府主要领导和分管领导多次亲自带队开展夜间环境综合执法检查，多次组织环保、公安、城管、住建等部门开展日常监管、巡查，加强与佛山以及广西梧州、贺州等地的联合执法联动，曝光环境违法行为，提升执法震慑力。

三、尽职免责必须要切实加强对排污者的监管

市级环保部门要严格充分利用好《环境保护法》《大气污染防治法》等法律法规，做到有法必依、执法必严，严肃对工业企业执行国家和地方环保法律法规及标准情况进行监管。重点加强对工业企业环保许可、监管污染治理设施运行、规范环境风险源企业的风险防范。

（一）要形成打击环境违法行为的高压态势

肇庆市环保局采取"白加黑""五加二"模式，大力打击环境违法行为。2015

年，肇庆市查办了广东省第一宗按日计罚案件，全市按日计罚案件数量排在全省前列，有 2 宗典型案件参与全国展评。全市立案查处环境违法行为 351 宗，行政处罚案件 292 宗，申请法院强制执行 8 宗，查处金额 1 891.39 万元；责令限期整改企业 326 家，停产整改企业 137 家，关停企业 128 家；移送公安机关行政拘留案件 11 宗，移交涉刑事案件 4 宗。全市对 34 家企业实施查封，对 25 家企业实施限制生产，对 1 家企业实施停产整治，对 7 家企业实施按日计罚。

（二）要规范环境执法行为

近年来，肇庆市环保局狠抓办案质量，确保每宗案件违法事实清楚，证据确凿，查处程序恰当，适用法律准确。在查处环境违法行为中做到于法有据、执法留痕。以《环境保护法》《大气污染防治》等法律法律为主要学习内容，在把握理解其主要内容和精神实质上下一番功夫，深学、细照、笃行，用以指导规范环保工作和行为，并持之以恒地抓好贯彻落实。在日常巡查、现场检查有记录、笔录，执法留痕，并且建档保存。这不仅是环境监管的有力证据，更是履行职责，保护自我的强大武器。2014 年肇庆市环保局案件在广东省案卷质量评查得分排名第 3 位，2015 年全省排名第 1 位。

四、尽职免责务必要督导县级环保部门履行环保监管职能

县级环保部门作为市环保部门的下属基层环保监管部门，是落实环保监管职责的中坚力量，市级环保部门要充分发挥其在技术和业务上的优势，以身作则，督促和指导县级环保部门积极落实环境监管责任。

（一）要建立健全各项考核机制

要充分发挥地方政府落实本职工作和环境保护"一岗双责"，每年肇庆市人民政府都与县（市、区）人民政府签订环境保护责任书，确立环境保护目标，年底对各县（市、区）进行考核。

（二）要形成查办违法行为的强大合力

市级环保部门要积极参与到县（市、区）一级查处环境违法行为工作，努力解决县级执法力量薄弱的问题，协同解决一批大案要案。2016 年，肇庆市环保局查办了鼎湖区某金属材料厂非法处置危险废物金属案，刑拘了环境违法犯罪分子4 人。

五、尽职免责务必要改善环境监管的薄弱环节

目前，环境保护部门在履行职责方面还存在很多薄弱的环节：一是部分党委和政府特别是基层的党委和政府环保法治意识仍然不强，特别部分乡镇轻视甚或忽视环保问题，环境污染问题久拖不能解决。二是环境执法能力仍然比较薄弱，现有机构和人员要实现全面的环保监管，力不从心。镇级监管力量基本处于真空状态。环保部门要尽职免责，务必要从基本上解决以上两个问题。

（一）要增加环保部门编制，改进环保机构设置

一是要增加市县级环保部门编制，以切实解决市、县环保部门人员短缺问题，加强环保部门执法力量。二是加强乡镇级环保部门能力建设，分批在工业重镇设立环保所，切实做到随时随地监管。

（二）要建立联动执法机制，建立大环保监管格局

各地、各部门认真落实环境保护工作责任，各职能部门要主动承担起环保监管的职责，建立环境联动执法机制，成立"环保警察"，增强执法的刚性，构建起了"党委领导、人大监督、政府负责、环保部门统一监管、相关部门各司其职、全社会共同参与"的"大环保"工作格局。

深化生态环保体制改革的探索与思考

——体制改革需要基层探索贯穿顶层设计

广东省云浮市环境保护局　龙东方

摘　要： 我国在深化生态环保体制改革方面提出了一系列的要求，颁布实施了相应的法律法规，云浮市根据自身的特点，针对生态环境保护的要求，实施了一系列的举措来改善生态环境。在工作中，也遇到了一些困难，如果能在制度、机制等方面进行改进，则生态环保工作能取得更好的效果。

关键词： 生态环保体制改革　顶层设计　基层探索

党的十八大把生态文明建设纳入中国特色社会主义事业"五位一体"总体布局，明确提出大力推进生态文明建设，努力建设美丽中国，实现中华民族永续发展。这标志着我们对中国特色社会主义规律认识的进一步深化，表明了我们加强生态文明建设的坚定意志和坚强决心。

党的十八届三中全会作出《中共中央关于全面深化改革若干重大问题的决定》，要求紧紧围绕建设美丽中国深化生态文明体制改革，加快建立生态文明制度，健全国土空间开发、资源节约利用、生态环境保护的体制机制，推动形成人与自然和谐发展现代化建设新格局。

中共中央、国务院印发的《生态文明体制改革总体方案》，阐明了我国生态文明体制改革的指导思想、理念、原则、目标、实施保障等重要内容，提出要加快建立系统完整的生态文明制度体系，为我国生态文明领域改革做出了顶层设计。如此一来，面对日趋强化的资源环境约束，必须树立绿色低碳发展理念，建立健全生态文明制度体系。而在生态环保体制的改革中，要完善生态保护制度，健全环境治理责任体系；要完善生态环境源头保护制度，改革生态环境保护管理体制，在改善发展环境上取得更大突破。

虽说在生态文明体制改革中，我们有了顶层设计，但是在自身的环保体制改革中，还是存在着或多或少的分歧，经验不足、方向不明的问题。所以，深化生态环保体制改革的探索与思考是当前环保系统必须解决的问题，也是环保工作发展的瓶颈时刻。

一、生态环保体制改革是现实需求

当前，我国刚经历完计划经济，急速发展的势头，以前一直以经济发展为动力，不惜以牺牲环境资源为代价，上至领导决策，下至农民群众，无一不为生活、经济追求最大利益化，的的确确为我国发展建设奠定了扎实的基础，但经历了近几十年的发展，我们的环境问题也日益突出严峻，多次突发严重的水、大气、土壤等环境污染事件，由于这种认识深度、发展阶段等多方面原因，现行的生态环保考核制度、行政管理体制、环境产权制度、环境执法监管监督机制等方面，与当前面临的生态环保形势和任务还不相适应。

（1）现行领导干部政绩考核体系中生态环保指标权重低，行政管理体制不顺阻碍了生态文明建设的进程。在当前的政绩考核体系中，经济发展指标所占比重过大，以 GDP 为主导的发展观仍然没有从根本上改变。资源管理、环境保护分属不同部门主管，生态保护职能分散在许多部门，这种分散管理模式存在诸多弊端。

（2）环境产权制度不明晰，环境经济政策体系不完善。还没有真正建立起完善的排污权交易市场机制，有利于资源节约、环境保护的价格体系尚未形成。

（3）环境与经济发展综合决策机制和全社会参与机制尚未建立。在实践中重经济、轻环保的现象一直存在。公众参与生态文明建设还相当滞后，公众参与程度不高，参与的领域窄，对政府环境决策参与较少。

二、生态环保体制改革的机遇与压力

党的十八大以来，我国出台和实施了一系列法规、制度、战略、措施，将实施新环保法、生态文明建设纳入中国特色社会主义事业"五位一体"总体布局、出台了生态文明建设方面一系列举措、十八届五中全会关于"十三五"规划的建议中提出绿色发展的理念和原则等，这些都为破解资源环境保护与社会经济发展的矛盾、全面改善环境质量、推动环保工作实现新突破带来新机遇。且党的十八大以后的政绩考核要求去 GDP 化，实现有区别和差别的考核，不同的区域考核指标不同。今后，对政府决策层政绩的考核，将会不再是唯 GDP 论英雄，不同功能区考核的侧重点和指标不同。绩效考核方式的变更，将有利于生态文明发展理念的落实，有利于保障生态环境工作向纵深方向发展，向农村和农业延伸。

那么，在当前的生态文明体制改革的关键时刻，环保体制的改革也进入了深水区和攻坚期，虽然各地都正在积极推进探索，但是没有一个统一指导方向，带给我们的是如此大挑战与压力，如何才能"冲破思想观念的障碍""突破生态建设的误区"？关键在于顶层设计。历史证明，实践出真知，一项制度、一种方法、一个规律、一个发明，无一不来自实践和行动而又指引指导于实践，就是在这个反复循环的过程中奠定了最终真理，所以深化生态环保体制改革，需要我们基层的探索自始至终地贯穿顶层设计，这样才能使我们的顶层设计具有系统性、先进性和可操作性，而这也正是衡量环境保护工作水平的重要标尺。

三、推进生态环保体制改革的实践

作为沿海发达地区广东省的落后山区，产业主要以资源型、传统型、重型工业为主，普遍存在着规模小、产业结构等级低下的问题，在促进经济发展的同时，也给周边的环境带来了不利的影响。加上近年火电行业的发展，工业产业污染物的大量排放，矿产开发造成的生态破坏、小规模作坊的乱排污等，给环境带来巨大的污染。另外，全市石材、水泥、陶瓷、硫化工等重点行业深度治理推进仍较慢，禽畜养殖、石材等行业治理和农村污染整治任务量多面广，部分污水处理厂建设进展缓慢等，使工业污染治理、环境风险防范、生态环境安全都面临着严峻的形势和繁重的任务。近年来，云浮市也积极探索生态环保体制机制改革并成功运用于工作实践，取得了少许成效，同时也为深入推进生态环保体制改革奠定了良好基础。

（1）实施了一系列环境保护工作目标考核机制，建立实施了齐抓共管的环委会工作机制。建立完善了包括经济社会发展综合目标环保指标考核、各县（市、区）党政"一把手"环境保护目标考核、市级部门共同目标环境保护考核、全市环保系统目标考核等条块结合的环保工作目标考核体系。

（2）建立实施了主要污染物总量指标管理制度，试点开展环境污染责任保险。通过污染减排工作，最大限度地最见成效地削减污染物排放总量，完成省市考核任务，改善地区环境容量，实现扩容提质。先试点开展环境污染责任保险，通过签订环境污染责任保险，实现了企业与第三者利用保险工具来参与环境污染事故处理，降低了企业经营风险，有利于促使其快速恢复正常生产。

（3）实施公众举报环境违法行为办法。充分推动人民群众参与环保工作积极性，让人民群众直接参与环境违法行为打击行动中，切实保护自身利益。云浮市出台了《云浮市公众举报工业企业环境违法行为奖励试行办法》，将企业的环境保护工作充分暴露在全民监督下，自觉承担环保主体责任。

（4）积极建立跨区域环境管理工作合作机制。积极探索与江门、肇庆、梧州等市在环境执法、环境应急、环境监测等方面的合作机制，通过建立区域应急资源、污染源等信息库，建立信息联席制度，实现应急物资相互调剂、应急力量相互支援、监测信息共享，跨区域环境违法行为打击。

四、深化生态环保体制改革的建议与思考

既要顶层设计，也要基层探索。习近平总书记强调，"改革开放在认识和实践上的每一次突破和发展，无不来自人民群众的实践和智慧。要鼓励地方、基层、群众解放思想、积极探索……推动顶层设计和基层探索良性互动、有机结合"。深化生态文明体制改革，既要以"顶层设计"来总揽全局、把握方向，也要用"基层探索"来接地气、聚人气。只有顶层设计和基层探索实现良性互动有机结合，才能确保生态环保体制改革既有前瞻性又有探索性，既有谋划性又有突破性，才能全面提升生态环保建设整体水平，让改革充满朝气、后劲和生命力、创造力。

而我国生态环保管理体制的不合理问题，表面上是环境保护部门缺乏铁腕和钢牙利齿，但究其根本，一是由于法律赋予环境保护部门的权力不清晰，横向上

涉及的部门众多，难以协调；纵向上权责关系不合理，难以统一，影响监管的统一性和高效性；二是新《环境保护法》等法律的实施，还没有厘清理顺以及配套完善政府相关职能，且依法治理环境在执行方面还缺乏相关经验，导致环境监管的权威性、执行力不足。通过上述分析，这些往往就是没有很好地将在基层探索出来的经验反馈到顶层设计上，造成改革只变形式内容不变实体，只见风动不见船动的现象。结合实际情况，认为可以从以下几方面考虑。

（1）改革创新环境管理制度。根据国家和广东省关于"十三五"规划创新环境保护体制、机制等的要求，探索建立党政领导干部生态环境损害责任追究制度、招商引资环境保护预评估制度、排污权交易制度、自然资源资产核算制度、干部离任生态责任审计制度、生态补偿制度等；完善环境治理和生态修复制度等；完善污染物排放许可制，实行企事业单位污染物排放总量控制制度；建立政府各职能部门间生态环境与经济发展的联席会议制度，建立生态文明建设和环境保护工作的科学决策和评估机制。

（2）健全评价考核和责任追究机制。全面落实政府、部门、企业的环境保护责任与义务，建立领导干部环保政绩考核和审计制度，以及相配套的环境经济机制和制度等，并进行环境制度、机制的示范、试点。建立和完善环境保护目标责任制，将规划目标和任务完成情况作为政绩考核的重要内容，将考核结果作为干部奖惩的依据。完善环境污染损害鉴定评估机制。鼓励公众参与讨论，加强社会舆论监督，并充分发挥政府监察部门对规划实施的全过程效能监察和责任监察。

（3）进一步完善环境经济政策。制定有效的节能减排激励机制。积极推进资源和环境价格改革，完善有利于减排的财税政策；建立政府引导、企业为主和社会参与的减排投入机制，加大节能减排技术改造力度；制定环境友好型行业和企业发展的优惠政策，对清洁生产、节能节水、资源综合循环利用等改造和建设项目给予支持或补助。制定生态补偿政策。探索制定资源受益地区补偿资源输出地区、城市补偿乡村、工业化带动新农村建设的策略，优先扶持因生态保护而导致发展受限制区域的环境基础设施建设，制定对受保护区域的生态补偿措施，补偿对生态保护涉及重要功能区内合法居住和生产造成的影响，试行饮用水源地和受污染下游区域的生态补偿政策。

（4）构建环境的社会共治共享体制。构建全社会积极参与环境保护和生态文明建设的大格局，实现社会共治，不断提高环境管理系统化、科学化、法治化、市场化和信息化水平。开展环境管理信息公开，定期公布环境管理信息，提高公众的参与意识和自觉保护环境意识。逐步推进企业环保表现评级制度，通过舆论与群众监督企业的环保行为，改进企业的环保工作。以曝光环境违法行为和做好环保公益宣传为重点，积极开展环境新闻宣传。坚持开展环保宣传月、环境文化节、绿色创建等活动，营造人人参与环境保护、时时崇尚生态文明的良好社会氛围。加强资源环境国情和生态价值观教育，不断提高公民环境意识。推进绿色消费革命，引导公众向勤俭节约、绿色低碳、文明健康的生活方式转变。进一步完善环保举报热线和网络举报平台，建立环境投诉举报奖励制度，畅通公众举报投诉渠道。充分发挥非政府组织（NGO）在环境保护监督中的力量，鼓励环境公益组织依法开展环境公益诉讼。

环保机构监测监察执法制度垂直管理的改革意义

海南省儋州市生态环境保护局　蒙小明

摘　要： 2012 年，党的十八大将生态文明建设作为国家长远发展目标，将生态环境治理问题推向了国家战略的高度。如何改革和完善环保体制，推进生态文明建设，各级政府都在积极地探索和摸索中。党的十八届五中全会提出了"加大环境治理力度，以提高环境质量为核心，实行最严格的环境保护制度，深入实施大气、水、土壤污染防治行动计划，实行省以下环保机构监测监察执法垂直管理制度"。环保机构监测监察执法垂直管理将对环保机构产生了什么影响？如何适应生态文明建设需要？如何进一步推进地方环保工作。本文以儋州市环境保护现状为例，从环保机构建设现状和环境保护体制运行中存在的普遍性问题出发，探讨环保垂直管理的实践意义。本文认为环保垂直管理是改变目前地方环保难题的有效途径之一，它适应了生态环境问题综合、复杂、多变的特点，有利于化解地方政府发展带来的环保压力。

关键词： 环保机构　监测监察执法垂直管理　制度建设

一、管理体制改革的根源

（一）改革的必要性

随着我国工业化、城市化和现代化的发展，经济社会发展与生态环境保护的矛盾日益突出，国际社会与国内社会各界对我国生态环境问题也日益关注。进入21 世纪以来党和政府已经把生态环境保护上升为国家战略和关乎中华民族永续发展的高度。党的十八大报告中将中国特色社会主义建设的"政治、经济、文化、社会"四位一体调整成了"政治、经济、文化、社会、生态文明"的五位一体格局。至此，我国环境保护顶层设计已初步形成，我国生态环境保护事业即将进入一个新的发展阶段。但是，与中央相对大步伐的环保体制改革行为相比，我国地方环保事业由于长期受旧有体制的限制，进展缓慢。地方环保体制由于改革的滞后，长期面临人员力量薄弱、部门或地方协调性不足等问题，导致了地方环保事业长期拖后腿，从而影响到我国整体环境治理的效果。因此，地方环保体制的改革已经势在必行。

（二）地方环保机构现状

（1）机构设置。总体上看，我国的环保机构设置大体上呈现出倒"金字塔"结构，中央级别的环保机构数量多、规模大、人员充足、技术先进，综合环境执法能力强；而地方环保机构在数量、规模、人员、技术上则呈递减趋势，综合环境执法能力也自然较弱。以儋州市为例，全市人口在海南省市县人口位列第一，超过 100 万人，辖区内农业畜禽养殖众多，其中环境执法人员只有 4 人，监测专业技术人员不足 20 人，环保机构人员严重偏少。监测队伍硬件建设达到国家三级站要求，但人员与技术难以匹配三级站的业务能力。

（2）职能界定。由于环境问题的复杂性，环境问题的解决常常牵连多个部门，因此，会出现权力的交叉或重叠，由此带来环境问题的处理难度大。

（三）地方环保机构管理存在的体制困难

（1）地方环保机构总体缺乏独立性。目前，我国环境保护管理体制以中央统一管理与分级分部门管理相结合的形式实施展开。在这种关系中，地方环保机构一方面隶属地方政府，接受地方政府的行政指导；另一方面在纵向权力关系上，其又受到上级同机构的业务指导，即在这种组织结构中，地方环保机构必然接受着"双重领导"，但其中的行政指导由于掌握着地方环保机构的人事与财政大权，因此更具有权威性和实际性，这也就必然导致了地方环保机构长期依附于地方政府，缺乏独立性。

（2）协调机制尚未形成，导致了地方环保部门之间缺乏有效沟通，从而造成

"九龙治水"或"踢皮球"的现象发生，使政府工作低效。决策、执行、监督有着密不可分的联系。其中，决策决定着执行的方向；执行决定着决策的实现；监督决定着决策和执行的效果。我国复杂多样的地理环境及多样的气候因素造成了地方之间的环境承载力及环境地位大不相同，因此，必然造成各地方对环境的要求及投入有所不同，再加上我国实行行政区划管理，因而各地方在环境管理上就会出现各自为政或者多方治理的现象，很难协调一致。

（3）监督不到位造成了地方环境政策落实困难。在地方政府以经济建设为主要考核指标的情况下，地方政府是否及时落实了上级的环境政策，中央缺少及时性反馈措施。

二、管理体制改革

（一）垂直管理改革的思路

"省以下垂直管理"的优势在于垂直管理部门更具独立性，减少地方的行政干预，同时也有利于在垂直管理部门内更有效地统筹调配人财物等方面资源，提高队伍的专业性和执行力。

（二）监测与执法垂直管理前后的对比

监测管理垂直前：我市基层监测人员力量有限，开展监测项目不多，与国家三级站要求尚存差距。省环境监测站人员较多，技术力量充足。由于海南省大部分市县监测力量满足不了发展的需求，省环境监测站承担了较多原本由市县站承担的业务，造成了一定的监测资源调配不合理。受制于技术力量的限制，我市许多项目验收未能及时受理，不利于企业的正常运行与发展。

监测管理垂直后：全省监测人员统属省环境监测站管理，人员调配、资金拨付等不受地方限制，合理统筹安排区域人员力量，对全省环境质量、污染源信息、污染投诉、污染纠纷等直接掌握最准确、最基础的资料，为环境决策提供了基础支持。可以全面统筹省内项目验收等信息，合理安排人员处理，不再受到基层人员力量不足导致的无法受理企业委托等状况限制，有力地服务于社会。

执法管理垂直前：我市环境执法人员偏少，市内企业、畜禽养殖户众多，在日常监察工作之外，处理众多的污染投诉及纠纷力不从心，难以满足群众的需求。受地方政府的管理，对于涉及多部门配合处理的环境问题难以推动，常常使环境问题处理进展缓慢。

执法管理垂直后：执法人员处理的环境问题直接汇总到省级监察部门，对于有共性特点的环境问题能及时汇总处理，形成有效的政策措施，由省级管理部门推动各市县政府解决，提高环境问题处理效率。并且垂管后，环境执法直接面向省级部门负责，受到地方因素干扰变小，更有利于发挥执法的威慑力。

三、垂直管理的意义

环境监测是环境保护工作的基础，为环境保护决策工作提供最基础的数据支撑，离开了环境监测，环保工作无从谈起。长期以来，基层环保力量一直处于难以满足社会发展需求的状态，省级管理部门力量充足，但受制于体制，无法做到深入基层一线，对于环保政策的落地督查效果有限。

地方政府有发展的内在要求，发展必然涉及环保，协调发展与环保的关系，一直都是地方政府需要处理的。环境监测直接反映环境质量，环境质量又影响到总量减排，减排涉及项目审批，项目落地关系地方发展。环境监测垂直管理之后，受到地方干扰因素变小，能将最准确的环境信息反馈到省级决策部门，有利于统筹安排。

环境执法受制于法律的限制，一直未能对环境违法行为产生足够的威慑力与惩处，环境违法惩处代价低、收益高，致使环境违法没有得到有效的遏制。地方政府在发展的过程中有时也存在擦边球的情况，环保执法为了地方发展有时只能选择服从。新环保法加大了环境违法的惩处力度，明确了地方政府作为环境质量负责人的责任与义务。环境执法垂直管理可以合理分配省内执法力量，直接监察环保政策落实情况，督查地方政府做好环保工作，减少地方政府对环境执法的影响。

四、结论

随着我国经济社会发展与环境矛盾的日益加剧，国家层面对生态环境保护工作重视程度逐步提高，由此推动了我国环保体制层面改革的发展。生态环境问题治理重点在基层，地方环保体制的改革就越发显得迫切与重要。本文以儋州市环保现状为例，首先从环保机构建设和环保体制的关系出发，分析我国环保体制存在的限制。以此分析结论为基础，讨论地方环保体制监测与执法垂管的实践意义。

关于探索党政主要领导干部
离任生态环境审计的思考

四川省绵阳市环境保护局 舒 斌

摘 要：十八届三中全会《中共中央关于全面深化改革若干重大问题的决定》提出，探索编制自然资源资产负债表，对领导干部实行自然资源资产离任审计。为促进各级领导干部树立正确的政绩观，推动经济社会科学发展提出了行动纲领，是党中央对加强生态文明建设的重大制度创新。2014 年在绵阳市委、市政府的精心组织下，三台县开展了县市区党政主要领导干部离任生态环境责任审计评估试点，通过边研究、边审计、边总结，先后建立起组织机构、指标体系、制度体系和工作机制。

关键词：领导干部 离任 生态环境审计 思考

一、实施领导干部离任生态环境审计的必要性

（一）落实自上而下生态文明体制改革的重要要求

党的十八大历史性地提出建设美丽中国，强调把生态环境问题放在更加突出的地位。十八届三中全会提出关于改革和完善干部考核评价制度，完善发展成果考核评价体系，对领导干部实行自然资源资产离任审计的精神。2013 年 12 月，中组部下发了《关于改进地方党政领导班子和领导干部政绩考核工作的通知》，对地方领导班子和领导干部政绩考核的重大调整，突出了生态文明建设考核。探索实施领导干部生态环境责任审计建立相关制度，是实现科学发展、可持续发展，

推进党中央关于生态文明体制改革要求的落实具体举措之一。

（二）推动领导干部树立科学发展政绩观的重要途径

多年以来，为促进地方经济社会发展，一些地方党政主要领导干部为片面追求 GDP 的高速增长，不惜以牺牲环境质量和对森林的破坏、矿产的恶性开发为代价，忽视对资源的保护和生态环境的治理，使人居环境呈现不断恶化、自然资源不断枯竭的趋势。对党委、政府责任的追究最终要落实到对党委、政府负责人的追究，开展党政领导干部离任生态环境审计，也是对权力的约束，通过建立生态环境审计及责任追究体系，对领导干部牢固树立保护生态环境就是保护生产力、改善生态环境就是发展生产力的理念具有重要意义。

（三）顺应广大群众对良好生态环境期盼的重要举措

自然环境是人类赖以生存和发展的基本条件。保护好自然环境，建设生态文明，关系人民福祉、关乎民族未来。改革开放以来，我国取得了举世瞩目的发展成就，但生态环境供给与需求的矛盾却日益突出。环境问题的频发、多发，给我们敲响了警钟。走生态文明之路，既是当今世界发展的主流和趋势，也是人民群众的共同愿望和追求。

二、实施离任生态环境审计的主要做法

在离任生态环境审计试点过程中，我们坚持"先构建体系、后完善指标，先试点推行、后全面推开"的方式，谋定而后动，蹄疾而步稳，确保了试点工作取得实效。

（一）强化组织领导

生态环境责任审计是对地方党政主要领导干部的审计工作，其结果既反映领导干部执政成效，也反映出一个区域生态环境质量的综合情况，是个人工作业绩和地区自然生态环境状况的综合反映，要避免有可能面临的压力和阻力，必须要强有力的组织领导。绵阳在实施离任生态环境审计评估工作期间，将离任生态环

境审计评估试点工作纳入市委年度重点工作，市委常委会多次专题研究解决生态建设中的重大问题，市委书记亲自部署开展离任生态环境审计评估相关工作，市政府常务会多次听取专题工作汇报，并成立了由市委分管领导任组长、市政府分管领导为副组长的领导小组，设置办公室、综合评估组、现场核查组、资料审核组、测评调查组、宣传报道组，工作人员由市委组织部、监察局、审计局、环保局、林业局等 16 个部门专业人员联合组成，具体负责离任生态环境审计评估组织实施工作。

（二）构建指标体系

审计指标设置最终决定了审计结果是否具有科学性，生态环境是一个复杂的有机整体，作为对地方党政干部工作的审计内容，需要全面考虑当地自然资源禀赋，当前社会经济发展状况，功能区划及地域特点等因素，要实现审计过程公正，审计结果具有公信力。同时，还要突出重点，通过开展生态环境责任审计能切实发挥倒逼地方领导加强保护生态环境的目的。在指标设置中必须对审计内容、权重进行综合考量。结合国家、省相关要求，制定了《绵阳市县市区党政主要负责人离任生态环境审计评估试点指标体系》《绵阳市县市区党政主要负责人离任生态环境审计评估试点指标体系解释》和《县市区党政主要负责人离任生态环境审计评估评分细则》。在广泛征求听取县市区党政负责人、市级相关部门及各方面意见建议，邀请专家反复研究论证的基础上，最终形成了包括生态空间、生态环境、生态经济、生态文化、生态人居、生态制度 6 个方面 32 项富有可操作性的具体指标，强调主要污染物总量削减、耕地保有量、饮用水源保护、环境功能区达标率等关键指标约束。坚持分类审计、差异化考核，将县市区按照功能区规划和自身资源特点分为平原、丘陵、山区 3 类进行考核，平原、丘陵地区主要侧重于农业面源污染治理，山区地区突出森林蓄积量年增长等指标考核。根据指标体系确定的内容，组织相关部门对全市相关指标进行全面摸底调查，收集基础年参考数据，作为进行审计评估的基准。

（三）从严审计评估

按照《县市区党政主要负责人离任生态环境审计评估评分细则》，以领导干部到任前一年为基准年，先由审计对象对照指标体系开展自测自查并形成专题报告，报市领导小组审核通过后，再派出各工作组进行现场核实评分。2014 年 9 月 17 日，市领导小组在三台县召开党政主要领导离任生态环境审计评估试点工作动员会启动试点工作。在随后一周时间里，各工作组深入三台县企业、厂矿、林区、河流等实地察看，组织人大代表、政协委员、群众代表等现场测评，综合对比任前情况和任期内情况，得出总体评价，在征求被审计领导意见基础上形成审计评估报告。

（四）加强结果运用

将审计结果建立生态环境审计台账，实行生态环境责任终身追究制，并作为领导干部业绩考核和任用的重要依据之一。若审计评估结果为生态环境恶化，将对离任干部进行诫勉谈话；若审计中发现重大环境污染、生态破坏事故等情况，将视损失程度对离任干部免职、撤职直至追究法律责任。审计工作结束后，我市召开了"县市区党政主要负责人离任生态环境审计评估试点情况"新闻发布会，公布了对三台县离任县委书记和县长生态环境审计评估结果，将审计结果向社会及媒体公布。

（五）促进机制提升

在总结三台试点经验基础上，市委、市政府进一步明确要求完善县市区党政负责人离任生态环境审计评估指标体系和统计方法，定期锁定指标，建立生态环境台账；各县市区党政负责人每年要对照指标体系和评分细则开展生态环境审计评估自查、自评并上报自查报告。同时，将生态环境审计纳入领导干部经济审计同步进行，以督促和引导领导干部将生态环境保护工作纳入党委、政府的重要议事日程，融入日常工作。在此基础上，2015 年，由市审计局牵头在梓潼县开展了县市区党政主要负责人自然资源资产和环境责任审计试点工作，与经济责任审计有机结合，通过试点，制定了《绵阳市领导干部自然资源资产和环境责任审计暂行办法》，为党政领导干部自然资源资产和环境责任审计构建了制度体系，为规范化、长效化实施创造了条件。

在审计评估的带动下，全市生态文明建设和环境保护工作取得了新进展，呈现出"一更新、二提升、三倡导"的全新特点。"一更新"就是发展观念更新，科学发展、加快发展、有感发展成为广大干部群众的共识。全市各级各部门绿色低碳发展理念不断树立，广大干群环境保护意识不断增强，群众参与生态建设的积极性不断提升，"生态惠民"的绵阳实践和科学发展、加快发展、有感发展的施政导向已经惠及全市人民。"二提升"就是经济发展质量和三产结构水平明显提升。生态农业蓬勃发展，无公害农产品、绿色食品、地理标志保护农产品和畜禽养殖标准化建设得到新加强。新兴产业迅速崛起，电子信息、汽车及零部件等传统产业发展势头良好，"4+3"高端成长型产业已见雏形，科技型中小企业呈现倍增增长。以物流、商贸、旅游为主的现代服务业加速发展。"三倡导"就是倡导低碳出行、倡导环境保护、倡导绿色生活，已经成为广大市民的自觉行动。公交出行快捷畅通，森林健康绿道遍布城区，王朗国家级自然保护区二期、小枧生态湿地公园首期 300 亩主体基本建成，小寨子沟自然保护区晋升国家级自然保护区，全市生态保护区面积占国土面积的 17%。特别是铁腕治污小流域水环境，平政河基本实现"一年变样两年变清三年变美"，全市 11 条小流域整治工作直接惠及 52 个乡镇 100 多万人。建立健全秸秆禁烧和综合利用长效机制，核心区实现"不点一把火，不冒一处烟"，全市空气质量优良天数持续增加。绵州山川林木葱郁，大地遍染绿色，天空湛蓝清新，河湖鱼翔浅底，美丽环境已经成为绵阳最靓丽的名片。

三、通过实施离任生态环境审计试点的经验启示

（一）领导重视是关键

在推进离任生态环境审计评估工作中，市委、市政府始终高度重视，将其作为生态文明建设领域全面深化改革的重点工作来推进，主要领导亲自研究、亲自部署、亲自推动，领导小组高效运转，以上率下形成了强有力的组织构架，真正让环境保护的"软指标"变成"硬任务"，给领导干部套上一个"紧箍咒"。牵头部门和成员单位积极配合，抽派精干力量全程参与，认真核查指标，客观做出结论，真正让审计评估在阳光下进行。被审计县党政主要领导和相关单位对照指标体系客观自我评价，正视存在的问题，自觉接受结论，审计评估工作整体平稳有

序推进。

（二）系统谋划是前提

离任生态环境审计评估目前在国内尚是空白，虽然国家层面提出"生态审计"这一说法，但还处于研究探索阶段，没有成熟的经验可以借鉴。我们以全面深化改革为契机，坚持运用系统思维，以《国家生态文明建设示范区考核指标（试行）》、环境保护部城市环境综合整治定量考核指标、《四川省省级生态县（市、区）建设指标》为基础，制定了《绵阳市生态文明建设考核指标体系》，对离任生态环境审计评估、生态环境保护治理、生态工程实施等重点内容生态文明建设进行系统部署。在审计评估方面，我们又专门制定了《指标体系》《指标体系解释》和《评分细则》，使各项指标在对照核查时更具针对性、可操作性。在前期大量工作基础上，三台县审计评估试点工作收到了较好的效果，为在全市全面推广打下了坚实的基础。

（三）问题导向是核心

开展离任生态环境审计评估的核心，就是要发现生态文明建设中的各项问题，从而推动这些问题的解决。发现问题、正视问题、解决问题，需要我们时刻保持头脑清醒，对存在的问题不掩盖、不回避、不推脱。整个离任生态环境审计评估指标体系从大气污染、水环境污染和土壤污染等影响群众健康的突出问题入手，在摸清底数时对原有问题敢于揭丑，在审计评估时对发现问题及时指出，在整改落实中对存在的问题亮剑出击，始终坚持问题导向，列出问题清单、紧咬问题不放、推动问题解决。

（四）长治久安是目标

开展离任生态环境审计评估，不是要事后惩治，而是要通过审计评估促进事前防范，让广大党员领导干部尽应尽之责，在任前、任中、任后都强化生态环境建设，像保护眼睛一样保护生态环境，像对待生命一样对待生态环境，尊重自然、顺应自然、保护自然，久久为功，以此来守好、守住生态底线。这也要求领导干部有"功成不必在我"的胸襟，前任领导的工作，是现任领导工作的基础，现任领导的离任审计评估结果，也是下任领导的任前基准。每一位领导都应该在有限的任期内承前启后，连贯系统地、扎扎实实地把生态建设好，让人民群众切实感受到环境保护带来的实在好处。

（五）群众认可是根本

习总书记提出"良好生态环境是最公平的公共产品，是最普惠的民生福祉"。这一科学论断深刻揭示了生态与民生的关系，阐明了生态环境的公共产品属性及其在改善民生中的重要地位。生态环境状况人民群众最有话语权，人民群众的切身感受是衡量地方生态环境的最关键依据。因此，在实施环境责任审计中必须要发动群众参与，要将群众反映的问题作为导向，健全指标体系，要将群众满意度调查结果与审计结果进行比对、权衡，确保结果吻合。绵阳在实施生态环境审计试点评估中，多次征求群众意见，修改完善审计指标体系。并委托国家调查队绵阳支队在被审计地区开展民意测评，发放调查问卷，综合打分。通过群众参与能避免闭门造车、避免结果与社情民意不符，确保审计结果的公信力和权威性。

（六）与经济责任审计相结合是方向

党政领导干部经济责任审计的目标是，通过审计促进领导干部树立正确的权力观，正确履行职责，认真贯彻落实党和国家的各项路线、方针和政策，推动地方、部门和单位的经济社会的科学发展。生态环境责任审计，目的是通过对领导干部履行自然资源开发利用和保护责任的监督，保护自然资源和生态环境，维护国家资源和环境安全，推动经济社会的可持续发展。两者目标是一致的，两者结合可以更好地促进领导干部树立正确的政绩观，从而推动本地区经济社会的科学发展。同时，两者审计主体和审计对象具有同一性，在审计内容上具有互补性，审计方式具有相似性，审计成果具有共享性。因此，将两者结合同安排、同实施，能降低审计工作成本，提高效率。同时能有效保障生态环境责任审计对象确定、审计过程、审计结果的合法性。

毕节市环境应急管理的现状及对工作对策的思考

贵州省毕节市环境保护局　甘明静

摘　要： 毕节市目前的环境应急管理工作存在着机构不健全、能力建设滞后、工作定位不清楚等问题，带来了环境安全与应急工作的巨大压力。为了改善目前的现状，应积极的改变工作态度、转变工作思路、厘清责任，提高现场的应急能力，来提高环境应急管理工作能力。

关键词： 应急管理　防范

一、应急工作现状

（一）环境应急机构不健全

毕节市下辖 2 区 7 县，应纳入环境应急管理的企业共 393 家，毕节市环保局于 2011 年成立环境应急中心，编制 7 人，实有人员 2 人，各县（区）目前仅有 3 个县级环保局成立环境应急机构，共有专职管理人员 3 人（每个县 1 人），其余县（区）均未成立应急机构，环境应急管理工作均由环境监察大队负责，均无专职管理人员，环境应急管理体制不顺，应急管理机构网络尚未建立，难以适应现有环境应急工作的需要，工作处于被动、无序的状态。

（二）环境应急能力建设滞后

毕节市环境应急机构标准化能力建设普遍滞后，缺乏应急防护、应急监测和应急处置方面的专业技术装备；无专业的环境应急救援队伍，企业环境应急救援队伍主要依托安全生产应急救援兼职人员；各县（区）均无环境应急物资储备，辖区内企业应急物资储备主要以安全消防应急物资储备为主；应急救援专家库人员储备严重不足，应急技术支持能力基础薄弱。

（三）环境应急管理工作定位不准确

突出表现在两个方面，一是我市环境突发事件应急中心目前主要承担拟订全市重特大突发环境事件和生态破坏事件的应急预案；承担较大以上突发环境事件和生态破坏事件的应急处置、事故调查及救援等工作，而对于突发环境事件风险控制及应急准备工作基本未开展，辖区内企业风险评估开展不规范，隐患排查流于形式，应急预案未定期演练，应急物资储备不充足等行为大量存在，而环境应急管理人员无执法资格，无法开展正常的日常检查工作。二是环境事件调查处理工作处于被动局面，责任追究难以落实。突发环境事件的调查处理主要由环保部门相关人员及专家组成调查组进行调查，调查的主要对象是事件发生单位和下级环保部门，而对其他依照法律规定行使环境监督管理权的部门的调查较为困难，责任追究无法落实。

（四）环境应急管理的法制不系统

环保法律法规对环境应急管理内容表述比较宽泛，对环境安全要求比较笼统，在法律责任方面强调了事故发生后的责任追究，但对日常的环境应急管理缺乏有效的指导。例如，按照《突发环境事件应急管理办法》第十条规定，企业事业单位应当按照有关规定建立健全环境安全隐患排查治理制度，建立隐患排查治理档案，及时发现并消除环境安全隐患。第十二条规定，县级以上地方环境保护主管部门应当对企业事业单位环境风险防范和环境安全隐患排查治理工作进行抽查或者突击检查，将存在重大环境安全隐患且整治不力的企业信息纳入社会诚信档案。而针对环境风险及环境安全隐患的分级分类管理上未提出明确规定，缺乏具体的指导性。环保部门监管起来法理不足，部分企事业单位也在一些安全隐患的整改上不积极、不彻底，企业环境安全的主体责任没有到充分落实。

（五）引发、突发环境事件的诱因复杂，环境应急工作压力大

随着社会经济活动的日趋活跃，诱发环境事件的因素日趋复杂，突发环境事件的处置和防范压力也逐渐加大。一是道路交通事故引发的环境污染事件增多，危险化学品的运输成了监管的难点；二是地下输油气管线沿线环境敏感点多，随着时间的推移危险系数也在逐渐增大，一旦发生事故容易污染地下水体，环境修复难度非常大；三是化工企业环境风险大、投诉多；四是生产安全事故引发的环境问题不断出现，影响范围大，社会关注度高。

二、工作对策的几点思考

环境安全不仅影响人民群众的身体健康和生产生活，而且影响着社会的稳定，影响着政府的形象。面对现实，我们必须保持清醒头脑，不仅要有足够的心理和思想准备，更要有科学严谨的应对措施，加快构建环境安全保障体系，落实有效防范和化解各类环境风险的具体措施，努力确保环境安全。

（一）用积极的态度做好当前的应急管理工作

面对环境应急管理工作起步晚，体制机制尚未理顺的局面，作为环境应急管理部门要尽快变换思路，积极扭转应急工作被动局面。一是对下级的应急管理机构实行动态监控，实时掌握基层应急人员变动情况；二是定期对下级人员组织培训，既从技能上提高应急管理人员的业务素质，也强化了应急人员的思想观念意识；三是经常性对下级部门的业务进行指导，向上级部门进行工作汇报，形成上下联动、协调顺畅的工作机制；四是要全力保障应急管理人员能深入企业进行检查，以提高其事故现场应急处置的能力。

（二）转变工作思路，强化事前防范

环境风险管理的重点应逐步由事后应急向源头预防转变，环境应急工作要做到以防为主，防患于未然，一是做好突发环境事件风险评估。环保部门要督促企业按照《企业突发环境事件风险评估指南》的要求进行环境风险评估，并根据风

险评估的等级落实好各项环境风险防控措施，同时要对辖区内的环境风险源进行调查、登记，建立环境风险源企业数据库，并进行区域环境风险评估。二是做好企业应急预案的备案管理，要督促企业在前期开展风险评估的基础上制订应急预案，应急预案应有针对性、可操作性及真实性，并及时对预案进行培训、备案和演练。同时要确保企业应急预案与政府应急预案能有效衔接。三是建立应急专家库及应急物资储备库，环境保护部门要结合可能发生的突发环境事件类型有针对性地组建应急专家库，一旦发生环境污染事件，可以尽快获得专家技术支持，及时有效地处置突发环境事件。此外，环保部门应根据辖区内地理、流域特点，合理规划建设应急物资储备库，实现应急物资有效辐射重点区域。

（三）以隐患排查为抓手，切实落实企业环境安全的主体责任

企业在开展风险评估的基础上，对生产经营过程中存在的环境安全隐患进行识别、排查，并对发现的隐患实施治理，做到隐患自查自纠，这有利于促进企业由被动接受监管向主动开展环境管理转变，有利于将企业环境安全的主体责任落到实处。环保部门要积极督促企业建立健全环境安全隐患排查治理制度，并抓好监督检查，对一些存在重大隐患且整治不力的企业要通过环境信用体系给予约束。

（四）应急响应要迅速，现场处置要科学

在突发环境事件应急处置过程中，环境保护部门应在应急指挥部的统一领导下，按照"第一时间报告、第一时间赶赴现场、第一时间开展监测、第一时间向社会发布信息、第一时间组织开展调查"的要求，积极参与突发环境事件应对工作，做到不缺位、不越位，认真履行环境保护部门应有职责。一是要及时报告、通报。要按照《突发环境事件信息报告办法》的规定，既要及时、准确地向同级人民政府和上级环保部门报告，也要对事件可能波及的相邻地区进行通报；二是要赶赴现场开展事故调查。根据不同污染影响，初步判断突发环境事件的污染性质，按照规定程序和内容开展污染源调查；三是组织环境应急监测。在事故影响和可能影响的区域，按照监测规范，在第一时间制订应急监测方案，及时进行监测，分析变化趋势及可能的危害，为应急处置工作提供决策依据；四是积极参与现场应急处置。在应急处置过程中，环境保护部门要根据现场调查和应急监测情

况，向应急指挥部提出调查分析结论和现场应急处置建议。指导有关应急救援机构和队伍，采取各种措施防止污染物扩散，力争将环境污染危害降到最小限度，确保环境安全。

专题三　环境污染治理

怀柔区水环境污染存在的问题及对策

北京市怀柔区环境保护局　冯胜宏

摘　要： 通过对怀柔区水生态环境分析，对地面水质现状、饮用水、地下情况进行了介绍；对影响水环境质量的主要因素有污水排放单位不达标、旅游业的发展、村镇生活污水、养殖业污水排放、水利工程改变了水生态环境、农业面源污染、降水量减少至径流量减少。根据污染产生的原因，对应提出了解决的对策。

关键词： 水环境　污染防治　问题　对策

怀柔区位于北京市东北部，距市区 40 km，距首都机场 27 km，2004 年京承高速路直通怀柔，成为首都半小时经济圈。境内风光秀丽，气候宜人，素有"京郊明珠"的美誉。怀柔是一座美丽的卫星城，青山绿水绕半城。这里有俊美的长城，茂密的原始次生林，洁净的空气和纯净的水，是最适合人类生存发展的地方。然而随着经济的快速发展，怀柔区的水环境也面临严峻的形势，现就怀柔区水环境存在的问题及对策谈点粗浅的看法。

一、水环境概况

怀柔区是首都重要的生态涵养发展区和饮用水水源保护地。区域总面积 2 122.3 km²，其中 97.1% 的面积为北京一、二、三级饮用水水源保护区。全区河流分属海河流域的潮白河和北运河水系，以潮白河为主，北运河其次。区内有四级以上河流 17 条，大中小型水库 17 座。平原区有北京水源八厂补水区、北京市怀柔应急备用水水源地（46 眼水源井）。京密引水渠穿越怀柔，怀柔水库直接为北京供水。我区北部五乡镇属密云水库的主要水源地。

境内的主要河流渠道有 12 条，分别为二类水体的怀沙河、怀九河、白河、天河、汤河、琉璃河、渣汰沟、京密引水渠（共 8 条）和三类水体的雁栖河、沙河、潮白河、怀河（共 4 条）。大中型水库 3 座，分别为二类水体怀柔水库和三类水体的北台上水库（雁栖湖）、大水峪水库（青龙峡）。

二、水环境现状

随着怀柔经济社会的发展，怀柔区主要河流、水库水质出现了不同程度的变化，个别河流水质出现了下降，达不到水功能区划分的要求，地下水水质基本保持稳定，能达到饮用水质量标准要求。

（一）主要河流水质情况

（1）天河、汤河、白河、渣汰沟、琉璃河、怀九河 6 条河流 2013 年至 2016 年 6 月现状水质均为 II 类，达到了北京市水务局 2008 年 9 月编制的《北京市地表水功能区划方案》规划的 II 类水质标准。

（2）沙河[在北京市地表水功能区划中为饮用水（地下水补给区）水源区]2013 年至 2015 年现状水质分别 II 类、III 类、III 类，2016 年 1—6 月，除 1 月为 III 类水质外，其余月份均为 II 类水质，达到了《北京市地表水功能区划方案》规划的 III 类水质标准。

（3）雁栖河 2013 年至 2015 年现状水质分别为 II 类、III 类、III 类，达到了《北京市地表水功能区划方案》规划的 III 类水质标准；2016 年 1—6 月，有 3 个月为 III 类水质，3 个月为 IV 类水质，水质有所下降。

（4）怀河 2013 年至 2015 年现状水质均为劣 V_2 类水质，与 2012 年现状水质相同，未达到《北京市地表水功能区划方案》规划的 III 类水质；2016 年 1—6 月，现状水质最好为 IV 类，最差为 V_1 类，比以前年度有所改善，但仍未达到《北京市地表水功能区划方案》规划的 III 类水质。

（5）怀沙河是怀柔水库的 2 条入库河流之一（另一条为怀九河），2013 年至 2015 年现状水质分别为 III 类、IV 类、III 类，比 2012 年的现状 II 类水质下降，未达到《北京市地表水功能区划方案》规划的Ⅱ类水质；2016 年 1—6 月，有 4 个月为Ⅱ类水质，1 个月为Ⅲ类水质，1 个月为Ⅳ类水质。

（二）主要水库水质情况

（1）怀柔水库 2013 年至 2016 年 6 月现状水质均为Ⅱ类，与 2012 年水质类别相同，达到了《北京市地表水功能区划方案》规划的Ⅱ类水质。

（2）大水峪水库 2013 年至 2015 年现状水质分别为Ⅱ类、Ⅲ类、Ⅲ类，达到了《北京市地表水功能区划方案》规划的Ⅲ类水质，但 2014 年、2015 年比 2012 年的现状Ⅱ类水质下降；2016 年 1—6 月，除 1 月为Ⅲ类水质外，其余月份均为Ⅱ水质，达到了《北京市地表水功能区划方案》规划的Ⅲ类水质。

（3）北台上水库 2014 年现状水质为Ⅳ类，低于 2012 年的现状Ⅲ类水质，未达到《北京市地表水功能区划方案》规划的Ⅲ类水质；2013 年、2015 年为Ⅲ类水质，与 2012 年水质类别相同，达到了《北京市地表水功能区划方案》规划的Ⅲ类水质；2016 年 1—6 月，有 4 个月为Ⅲ类水质，2 个月为Ⅱ类水质，均达到了《北京市地表水功能区划方案》规划的Ⅲ类水质。

（三）饮用水水源地水质情况

1. 地表饮用水水质情况

2013 年至 2016 年，怀柔区集中式地表饮用水水源地为怀柔水库（市级）。根据水质监测结果，怀柔水库 108 项评价指标中，2013 年 5 月总磷超标（超标 0.2 倍），其余月份各项指标均达标，与 2012 年相比水质保持稳定；2014 年各项指标均达标，水质保持稳定；2015 年水质符合国家饮用水水源水质标准。

2. 地下饮用水水质情况

2013 年至 2016 年，怀柔区境内实施水质监测的集中式地下饮用水水源地包括怀柔应急水水源地（市级）和怀柔城区水厂水源地、雁栖经济开发区水厂水源地 2 个区级集中式地下饮用水水源地。

（1）怀柔应急水源地 2013 年有 2 项指标（总大肠菌群和细菌总数）超标；2014

年有 3 项指标（总大肠菌群、细菌总数和总 α 放射性）超标；2015 年监测结果尚未发布。

（2）怀柔区级地下饮用水水源地 2013 年、2014 年均有 1 项指标（总大肠菌群）超标，2015 年监测结果尚未发布。

三、水环境污染存在的主要问题

（一）污水排放单位不达标对水环境的影响

各类排放污水企业追求经济效益，忽视环境效益和生态效益，工业发展中，水消耗量大、利用率低。不仅单位产值污水排放量大，而且守法意识不强，为减少运行成本，存在不正常运行污水处理设施、污水不达标排放现象，是造成水环境质量下降的主要原因之一。

（二）旅游业的发展对河流水质的污染

随着怀柔区旅游业的快速发展，越来越多的民俗户建起了集餐饮、住宿为一体的农家院，大量的游客加大了本地生活污水排放量。据不完全统计，全区民俗旅游餐饮户 1 000 多家，而安装污水处理设施的比例并不高，部分农户安装的污水处理设施也未能达标运行。

随着旅游业的发展，河内存在直接围挡养鱼、垂钓的现象，污染河水水质。围挡养鱼、垂钓对水质的影响主要源于鱼饵的大量投放和破坏了水体的流动性。垂钓园投放的鱼饵给河流带来了大量的营养物质，而围挡造成水体流动性减弱，降低了水体的自净能力，加剧了水体富营养化的风险。因此，旅游业的发展对河流质量造成了直接的影响。

（三）村庄污水处理设施建设管理滞后

根据统计，怀柔区共计 14 个镇乡 284 个行政村，其中只有 141 个行政村建设了污水处理设施，143 个行政村尚未建设污水处理设施。141 个行政村已建污水处理站共 243 处，其中 128 处已移交北京市排水集团运行，115 个未运行。未运行或已运行但设备老化、需要升级改造的共 126 处。在 143 个没有处理设施的行政村中，除去 11 个非保留村（拆迁村、棚户区改造村等）和 4 个已有项目正在实施污水治理的村之外，还有 128 个行政村需要治理污水。根据当前污水处理设施建设运行情况，已建的村级污水处理站根据抽测结果无法达到《北京市水污染物综合排放标准》（DB 11/307—2013）排放限值标准，村庄污水处理设施的不健全导致了河流的水质受到了污染。

（四）养殖业污水排放对水环境的影响

畜禽养殖业对水环境的影响也是非常显著的，畜禽每日粪尿中的生化需氧量是人类的 13 倍，如此大量需氧腐败有机物不经处理流入水体，会造成严重的水环境污染，造成河水中五日生化需氧量、化学需氧量、悬浮物、氨氮、总磷、粪大肠菌群数等指标超标，以及水中硝酸根离子的增加，同时畜禽排泄物中还带有生产过程中大量使用的促长剂、金属化合物以及细菌、病毒等，会造成水里氧含量下降。

怀柔区畜禽养殖业近年来发展速度很快，而畜禽产生的污水量大，且处理困难，而大部分畜禽养殖户没有按照规定建设污水处理设施，造成随意排放进入河流或地表，对河流水质和地下水质造成了一定影响。

（五）拦水建筑物加大了水质恶化

河道内过多的拦水建筑物存在两方面的水质恶化风险：

（1）拦水建筑物改变了河流原有的水文条件，降低了壅水河段的流速，增加了河水的水力停留时间。河流发生富营养化的条件是水流流速小于 0.2 m/s，沿河各类截留堰、连拱闸等壅水区域，流速基本满足这个动力学条件。

（2）拦水建筑物降低了河水自净能力。正常河水流动时，拦水建筑物有曝气复氧的功能。水量较小，有溢流性质的拦水建筑物，带来的往往是水流壅堵、下游断流，很难有复氧功能。另外，拦水建筑物造成流速减慢，水体自净能力减弱。近年来，怀沙河天然水量减少，水容量较小，而河沿岸生活污水处理设施退水排放标准均高于 II 类水质，要求河流有一定的自净能力来降解多余的污染物，而拦水建筑物造成了河水自净能力降低。

（六）农业面源污染对水质造成影响

农业种植使用农药、化肥对水环境造成污染，在农药污水中，一是有机质、植物营养物及病原微生物含量高；二是农药、化肥含量高。大量农药、化肥随表土流入河流，造成藻类以及其他生物过度繁殖，引起水体透明度和溶解氧的变化，从而导致水质恶化。

（七）多年来降水量较少，也是水质下降的原因

怀柔区近年来气温逐渐升高，降雨量一直偏少，造成了河流的补水量减少，河流的自我净化能力下降，直接造成了水质的下降。

四、治理水环境污染的对策

根据怀柔区水境质量的现状以及污染的主要原因分析，可采取如下对策。

（一）加大农村污水处理设施建设力度

一是摸清底数。要对全区所有行政村、自然村的情况进行全面的摸底调查，村庄所在的自然环境情况（平原区、山区、城镇区）、人员数量情况、污水产生情况，污水对周围环境的影响情况、污水管网建设情况、污水处理设施建设情况等做到全面了解掌握。二是做好规划。在调查摸底的基础上，要对全区不同类型的村庄采取不同的方式进行统筹规划，可按不同的需求分类，主要是分为必须建设的村庄、升级改造的村庄、入城区污水管网村庄、不必建设的村庄；也可按流域或轻重缓急进行分类；也可按水源保护区分类。总之，在不同分类的基础上做好全区的农村污水处理设施管网建设规划，分步实施，最后做到全治理，全覆盖，全达标排放。三是选好技术。污水处理技术也在随着科技的发展不断地提高，各种各样的处理技术如何选择也是非常关键的问题，处理技术的好坏直接关系到污水处理的效果，同时也关系到设施运行维护保养和管理成本投入，因此，在农村污水处理建设过程中必须选择技术可行、处理效果好，建成后便于管理维护，使用方便，经济效益、社会效益较好的技术。四是统一建设。农村污水处理设施建

设，必须要由水务部门统一组织，改变过去的多部门建设模式，或只注重建设，不重视管理的历史，从以前的经验看，过去的污水处理设施根本没有发挥投入效益，停止使用、不正常运行、超标排放等现象较为普遍，造成了极大的浪费。

（二）探索创新污水处理设施管理模式

怀柔区污水处理设施的管理模式过去比较单调，由政府多部门不同的资金来源进行建设，区级、乡镇级污水处理设施由政府主导管理，资金能保障运行较好，村级污水处理设施由于资金、管理等多种原因，大部分的设施新建时间不长就停止运行，造成浪费。因此，必须改变污水处理设施管理运行的新模式，从建设、运行资金保障、日常管理、全面监督等方面进行探索，形成良好的运行模式，发挥真正的效益，起到改善水环境的目的。一是区政府做好统筹，明确部门职责。区政府要制定明确的污水处理设施建设管理总目标和要求。明确水务部门的建设职责，环保部门的监督职责，乡镇政府的属地职责等。二是做好运行管理的资金保障。资金不足是造成设施运行不正常的主要原因之一，除了用好市级财政支持的各类污水处理设施运行资金外，区级财政每年必须要做好预算，能保证全区所有设施运行的费用。三是加强对委托管理企业的监管。目前怀柔区的各级污水处理设施的运行管理基本上由北京排水集团在运行管理，但是，对管理运行的情况，协议执行情况没有形成制度式的、模式化的机制，比较弱化，不加强对其监管就达不到委托管理的目的。四是环保部门要加强日常执法检查。环保局执法监察工作必须要加强，对全区的污水处理设施的日常运行情况，排放情况进行检查，能及时地发现存在的问题，增加监督性监测的次数和力度，切实起到监管的作用，形成强大的压力，让管理单位不能存在侥幸心理，促使其不敢违法。

（三）加强农业、养殖污染源治理

农业面源污染是造成水质变差的重要污染因素之一，农田施用化肥和农药，是造成农业污染源的主要原因。所以农业部门应加大对乡镇及农民的科技培训和教育，让农民懂得如何合理的施肥，即满足作物生长的需要又不过量，并且实施节水灌溉，减少化肥的流失；合理使用农药，严格按照农药用量施用，研发推广抗病、虫、草害的农药，倡导采用低毒高效低残留农药，开发推广和应用生物防治病虫害技术等。

畜禽养殖业的无序发展，对水环境的污染造成很大影响。全区应根据水污染防治工作需求，按照市水污染防治方案要求，严格落实划分全区畜禽养殖禁养区范围，不得以任何理由来推迟或变相保留养殖场，依法按时关闭或搬迁禁养区内养殖场（小区）。加强畜禽养殖场的管理。应禁止新建、扩建规模化畜禽养殖场，开展养殖小区有序退出工作。禁养区外保留的畜禽养殖要实施雨污分流，并配备粪便污水贮存、处理、利用设施。完成全区规模化猪场、牛场粪便污水处理，实现资源化利用。按规定时间达不到环境保护要求的养殖小区（场）必须强制关闭。

（四）开展违规河道综合整治工作

一是拆除河道内的各类堤坝。河道中各类拦水建筑物均具有明显的阻水作用，改变了壅水河段的水动力条件，即减缓了河流水体流动速度，延长了水体停留时间，促进了藻类和漂浮植物的繁殖，降低河流自净能力，建议拆除阻水效果明显且无特殊用途的拦水建筑物，减少河道内养殖造成的水污染，从而改善河道水体流动速度，保障河道的流畅性，提高水体自净能力。二是加强河道的管理力度。水务部门是河道管理的主要责任部门，要加大河道执法管理力度，对私建各类堤坝、违法进行水产养殖、私设排污口等行为要及时发现、及时纠正，不能让违法行为越来越严重，最后致使治理取缔的难度增加，而对水体造成的污染更严重。三是切实发挥"河长制"的作用。"河长制"是为了落实各级政府的属地责任，强化河流管理的有效机制；区政府已下发了文件，但是，由于种种原因，"河长制"的作用并没有得到有效的发挥，还停留在形式上、文件上，没起到多大的作用。这就需要加大问责的力度，同乡镇考核，职务晋升等联系起来，才能使乡镇一把手切实履行"河长"职责，管好属地河流水环境。

（五）加强环境执法监察能力建设

一是提高监察执法人员的业务水平。业务能力的高低是环境监察执法的基础。要通过多种方式对现有执法人员进行培训，提高执法能力水平，适应新的法规要求。解决执法人员能力素质低，靠经验执法，不熟悉新的环保法规及配套政策的问题。二是提高监察执法人员的敬业精神。执法人员良好的敬业精神是做好环境执法监察的关键。没有一支好的执法队伍，好的敬业精神，要做好环境执法工作只能是空谈。因此，必须从管理、教育、制度等多方面入手，培养人员的敬业精神，把工作作为事业、担当、责任来做，只有这样才能把具体工作落在实处。三是提高监察执法力度。执法力度的大小，是检验环境执法是否到位的根本标准。环保部门需加强环境执法监察力度，按照《环境保护法》《水染防治法》《北京市水污染防治条例》等法律法规要求，认真履行法律许可的执法权，加强对民俗餐饮接待户、农村污水处理站、各类污水排放企业监察力度，发现超标排放、污水处理设施不正常运转的企业要依法进行高限处罚，并责令其改正违法行为。要求各级各类污水排放单位认真执行国家的法律法规要求，履行好排污单位的责任和义务，确保水环境质量。

（六）引导全民参与增强守法意识

一是加强宣传教育，提高环保意识。加强环境保护教育宣传，充分利用传统媒体和新媒体平台，做好环保法规政策、环保知识、环保成就的宣传教育工作，加强环境热点问题的舆论引导，提高全区居民环境科学素养和环保意识，鼓励流域村民使用无磷洗涤用品，减少污染物的排放。二是增强排污企业守法的主体意识。环保部门要充分利用一切手段和方法，对污水排放企业进行环境保护法规的宣传和教育工作，增强企业自觉守法的意识，让企业积极主动地做好环境保护工作，保障治污设施正常运行，做到污水达标排放。三是鼓励群众举报违法行为。充分借助电视、报纸、专刊、网站等载体广泛宣传新的法律法规，结合有奖举报等工作提高人民群众发现、举报水环境违法行为的积极性，营造齐抓共管的声势；加强对环境执法活动的宣传，既要宣传报道环境执法工作，曝光重大、典型违法案例，又要宣传环保工作较为突出企业，通过"领跑者"激励机制鼓励节能减排先进企业，起到带动一片的效果。

水环境的好坏直接关系到人民群众的身体健康，只要我们政府部门和广大人民团结一致，努力工作，我相信怀柔的水会变得更好，环境的整体质量会不断提高，青山绿水的生态环境会让人民生活得更好。

浅谈朔州市煤矸石污染及防治对策

山西省朔州市环境保护局　张玉春

摘　要：山西省朔州市是煤炭生产大市，在煤炭洗选过程中产生大量的煤矸石。煤矸石长期堆放，一方面产生扬尘污染，另一方面煤矸石自燃造成严重的大气污染。因此，需要加强现有煤矸石堆场的治理，规范新建矸石场的建设。

关键词：煤矸石污染　原因　防治对策

煤矸石是采煤过程和洗煤过程中排放的固体废物，是一种在成煤过程中与煤层伴生的一种含碳量较低、比煤坚硬的黑灰色岩石。包括巷道掘进过程中的掘进矸石、采掘过程中从顶板、底板及夹层里采出的矸石以及洗煤过程中挑出的洗矸石。

一、煤矸石的污染及危害

煤矸石对大气的污染主要表现在汽车运输过程中产生的扬尘和堆场扬尘。运输扬尘是比较显著的，主要是路面积存的尘土被汽车吹起和被高速旋转的车轮扬起所致。煤矸石在露天堆放时，煤矸石表面会风化成粉末，在风力的作用下形成扬尘。风化程度除了与自身的矿物组成有关外，还与堆存环境的气候变化有关，冷热交替、干湿交替都会加速煤矸石的风化，风大、雨少、温差变化大极易形成扬尘。同时大风扬尘加剧了大气中可吸入颗粒物的浓度，粉尘中含有很多对人体有害的元素，如汞、铬、镉、铜、砷等，颗粒小的会被人体吸入肺部，导致气管炎、肺气肿、尘肺，更严重的可能会致癌。颗粒大的进入眼、鼻，引起感染危害人体健康。另一方面，由于煤矸石中通常含有残煤、碳质泥岩、硫铁矿、碎木材等可燃物质，在长期露天堆积后，煤矸石中 C、S 和 P 的完全或不完全燃烧引起矸石自燃。在自燃过程中，S、P 等物质会发生氧化反应生成二氧化硫、硫化氢、五氧化二磷等有害气体，由于煤矸石自燃不完全，还会生成大量的一氧化碳气体。二氧化硫是一种刺激性气体，会对呼吸道产生刺激而引起咳嗽、流泪等症状。硫化氢是一种臭鸡蛋气味的气体，吸入后会产生恶心、呕吐等症状。一氧化碳对人体的危害主要是造成缺氧，导致脉弱、呼吸变慢等症状，严重时还会造成呼吸中毒、昏迷乃至死亡。这样的有害气体长期不断地排放，不仅污染大气环境质量，还对人民群众身体健康造成威胁。更有甚者，因矸石山内部自燃使能量积聚，而发生煤矸石爆炸的恶性事故。

二、煤矸石污染现状

朔州市共有煤炭生产加工企业 110 余家，煤炭生产能力达到 2.08 亿 t，煤炭洗选加工能力达到 1.9 亿 t，全市每年产生矸石 4 000 余万 t，积累的煤矸石堆放量超过 2 亿 t，煤炭工业给朔州带来经济社会发展的同时，煤矸石长期乱倾乱倒、处置不规范，形成了一座座蓄势待燃的火山，对我市大气环境造成严重污染，并形成很大的安全隐患。

煤矸石是造成朔州市环境空气污染的主要源头之一。2015 年我市市区环境空气质量达标天数仅为 216 天，占有效监测天数的 60.2%，重污染天数为 8 天，占 2.2%；二氧化硫、二氧化氮、PM_{10}、$PM_{2.5}$ 年均浓度分别为 76 $\mu g/m^3$、35 $\mu g/m^3$、90 $\mu g/m^3$、53 $\mu g/m^3$，一氧化碳日均值第 95 百分位数和 O_3—8 h 第 90 百分位数浓度分别为 2.6 mg/m^3 和 187 $\mu g/m^3$。其中，二氧化氮年均浓度、一氧化碳日均值第 95 百分位数浓度达到国家二级标准，二氧化硫、PM_{10}、$PM_{2.5}$ 年均浓度、O_3—8 h 第 90 百分位数浓度分别超标 0.27 倍、0.29 倍、0.51 倍和 0.17 倍。

三、煤矸石综合防治措施

针对朔州市煤矸石污染现状，结合当地实际情况，提出以下综合防治措施。

（一）规范矸石堆场建设

严格按照《一般工业固体废物贮存、处置场污染控制标准》（GB 18599—2001）建设和完善相应的防渗、防洪、防扬散、防流失、防扬尘等设施，并制定严格的煤矸石规范化处置工艺流程，加强内部管理，规范处置煤矸石。在堆存过程中对煤矸石分隔、分层、压实、覆土，杜绝煤矸石同氧气的接触，有效防止煤矸石自燃。在拉运过程及堆存过程配备专用洒水车全天候洒水抑尘，有效控制扬尘污染。

朔州市对同煤浙能麻家梁煤业有限责任公司煤矸石堆场治理方法进行推广。该公司对煤矸石进行填沟造地、土地复垦综合利用作了很好的示范。首先成立专门机构、建立相关管理制度，对煤矸石的处置过程进行全面监管。其次，按照《一般工业固体废物贮存、处置场污染控制标准》（GB 18599—2001）的要求科学选址，并按照标准修建了拦矸坝、挡洪墙、进出车辆清洗等设施。修建了运矸道路。传统的排矸工艺"自上而下"沿山坡向山沟底部倾倒矸石，矸石松散，极易自燃，该公司摒弃了传统的煤矸石处置方式，采用"从外向内，从下向上，缩小凌空，分层压实"的排矸工艺，对煤矸石分区、分隔、分层、压实、覆土。矸石处置过程中，按照每堆放 3 m 高的矸石，覆盖一层 50 cm 的黄土，使矸石层与外界空气隔绝。堆放矸石过程中先用装载机将矸石摊铺平整，再用压路机反复碾压，使矸石达到密实。碾压结束后再用刮路机进行场地平整作业。接着对平整后达标的矸石层覆盖一层 50 cm 厚的黄土，覆土过程也严格按照摊铺、碾压、整平的工序进行作业。整个作业过程中为了避免产生扬尘污染，通过洒水车不间断地进行洒水抑尘作业。为了避免降雨经过矸石层渗漏污染地下水，在进行最底层矸石处置时，沟底铺设一层 20 cm 厚的红黏土层进行防渗处理。为了最大限度地降低矸石自燃隐患，本项目还采用网格化分区矸石治理方案。随着矸石面分层逐渐抬高，矸石坡面的下游边坡按 1∶2.57 处理。对项目实施过程中形成的台阶、边坡通过覆土造林措施复垦为林地，建造的台面通过覆土复垦为耕地，覆土厚度按照矸石层间土层厚度 50 cm，台阶、边坡、平台均为 1 m。计划到 2019 年完成扒齿沟项目土地复垦工程，复垦验收合格后交还当地村集体，造福当地村民。

该公司配备了 40 辆载重货车、4 辆压路机、2 辆推土机、2 辆洒水车、2 辆装载机等设施进行排矸工作。运矸车辆全部加装了自卸汽车车厢密闭系统，盖板对车厢遮盖严实，行车过程中车厢内矸石不会撒落，大风天也不会产生扬尘，有效解决了运矸过程中因抛撒矸石污染环境的问题。运矸公路有专用洒水车全天候洒水抑尘，有效控制了扬尘污染。

（二）现有矸石场自燃治理措施

制订煤矸石自燃灭火和规范化处置治理方案。首先对火区进行勘测，进而采取有效灭火措施，最后要做好火区复燃的防治措施。按照《一般工业固体废物贮存、处置场污染控制标准》（GB 18599—2001）完善煤矸石处置场各项防渗、防洪、防扬散、防流失、防扬尘等设施，在堆存过程中做好防燃及防复燃措施，在堆存、拉运过程中做好防扬尘措施，规范处置煤矸石。

以东坡公司朔中选煤厂矸石自燃治理为例。东坡公司针对距厂区 1.5 km 的西北方沟壑中的矸石山自燃成立了矸石山规范治理组织机构，该公司邀请中国矿业大学、山西环保厅相关专家进行现场勘查，并委托山西煤炭设计规划院针对性地制定了《朔中选煤厂旧矸石山自燃治理工程设计规划》。采取了灭火浆灭火封闭法和封实压法，灭火浆材料采用黄土（或粉煤灰）与熟石灰过筛配制，配比为 1∶1，水固比 0.7∶1～0.8∶1，迅速对局部自燃点进行局部挖掘灭火浆灌浆，再覆土、夯实处理。在矸石坡底修建 2 m 高栏矸墙，并对坡面进行削坡处理；削坡分级后进行全面覆土碾压，覆土厚度为 1 m。建设排水渠，矸石场内部雨水汇入排水渠进入消力池，所存雨水引到矸石山顶部，为春季旧矸石山绿化和黄泥灌浆提供水源，并安排专人负责每天对矸石山现场进行检查，发现一处、处理一处，确保矸石山不再出现自燃点。

约谈后的奋进

——长治市环境综合整治工作侧记

山西省长治市环境保护局　平小波

摘　要： 长治市在 2016 年因大气和水污染问题被环境保护部约谈，根据环境保护部的指示与要求，长治市针对性地实施了强化监管、落实责任、多管齐下、重点治理、强化督察、化解过剩等措施，明显改善了环境质量，取得了良好的效果。
关键词： 约谈　监管　治理

　　2016 年 4 月 28 日，环境保护部就一季度大气污染严重问题约谈了五个市的市长，我市由于大气主要污染物同比不降反升问题位列其中之一。5 月 24 日，省环保厅就 1—4 月水污染问题约谈了五个市政府，我市由于三个断面水质同比恶化严重又是其中之一。曾几何时，我市在全省环保目标责任考核中十连冠，空气质量连年在全省名列前茅，山清水秀、气候宜人、文化厚重，2004 年荣膺全国十大"魅力城市"。面对这样巨大的落差，市委、市政府痛定思痛，深刻反思，认真贯彻落实环境保护部和省环保厅两次约谈会议精神，举一反三，深入查找问题，具体研究措施，强力推动环保突出问题的及时有效解决，开展了一场环保翻身的攻坚战、歼灭战和持久战。

一、高度重视，迅速行动，及时部署，强力推进

　　我市环保工作过去一直排在全省前列，部分领导干部对长治环境状况的印象

停留在过去，有自足感，对被约谈感到不理解，对新形势下环保工作要求认识不到位，未能充分认识其他地方环保工作进步很快、长治已有差距的现实。针对这种思想认识，6月2日，我市召开2016年环境保护工作领导小组第一次会议，深入分析了当前环保形势，指出环保工作不进则退，要求全市各级各部门充分认识做好环保工作的极端重要性和落实环保责任的极端紧迫性，认真查找短板不足，研究部署推进措施，坚决贯彻党中央、国务院和省委、省政府环境保护重大决策部署，严格按照市委、市政府统一部署要求，把环保工作作为事关长治发展全局的突出任务、压倒一切的首要任务，采取强有力、超常规举措，全力以赴抓实抓好环保各项工作。落实党政同责、一岗双责，明确各级各部门责任，逐级传导压力，层层抓、人人抓、时时抓、处处抓，形成齐抓共管的强大合力。同时，坚持严格执法、问效追责，综合运用经济手段、行政手段、法律手段，依法依规严肃查处各类环境违法行为。

本着对环保工作高度重视、高度负责的态度，按照"政治坚定、作风过硬、敢打硬仗、善于攻坚"的原则，市委对市环保局领导班子进行了改组式调整，由市政府分管副秘书长主持工作，从县区环保局局长中抽调两名年富力强、经验丰富、业务熟练的同志充实到班子中，有力地提高环保部门工作能力和执行力。

二、强化责任落实，做深做细做实全市环境保护大检查工作

2016年7月11日，我市召开环境保护大检查动员电视电话会议，市委书记、市长出席会议并讲话，要求各级各部门全面贯彻落实全省环境保护大检查动员会议精神，深刻分析当前环保工作面临的新形势新任务，站在讲政治、讲大局、讲民生的高度，以对历史、对发展、对子孙后代高度负责的态度，以背水一战、决战决胜的信心和勇气，坚决打赢改善环境质量这场硬仗，还全市人民以碧水蓝天，为确保如期实现脱贫攻坚和全面建成小康社会目标打下良好生态基础。

市政府制定了《全市环境保护大检查工作实施方案》，将省委、省政府重点检查的五大类、30项重点任务和市委、市政府明确的61项具体工作逐项明确牵头单位和责任单位，逐项明确完成时限，做到责任全覆盖。健全了领导机构，市委书记、市长亲自担任环境保护大检查领导组组长，市政府党组成员全部担任副组

长，29 个相关单位主要负责人和 14 个县市区党政一把手为成员。成立了市环境整治专项行动指挥部，并结合我市环境保护实际，成立了"减煤、治企、降尘、控车、净烟、碧水"6 个专项行动指挥部，由市政府分管副市长担任总指挥，靠前指挥，一线督战；各指挥部抽调业务骨干，实行集中统一办公，承担指挥部协调、督查、统计、上报等工作；加强组织调度、协调沟通、督查督办和跟踪考核，建立台账、挂图作战，对各指挥部、各县市区工作进度每周比、每旬比、每月比，有考评、有量化、有排名；指挥部人员全部脱离原工作岗位，任务一日不完成，指挥部一日不撤销，人员一日不返回原单位工作。全市各级各部门认真开展自查自纠，系统梳理本地区本部门的工作亮点、经验做法、存在的问题和整改措施，准确掌握环保检查的具体任务、推进举措、工作进度和瓶颈短板，切实做到底数清、情况明、信息准、基础实。

三、多措并举开展大气环境综合整治

成立由环境保护部门牵头、相关部门配合，并邀请市法院、检察院参与的 9 个督查组，先后两轮在全市开展地毯式督查，对发现的 5 大类 424 个问题逐个落实整改责任，整改完成率达到了 90%以上。同时，为全面改善主城区大气环境质量，我市新增雾炮除尘车 4 辆；新增纯电动公交车 50 辆；覆盖主城区 20 km^2 范围的 5 000 辆公共自行车系统正在抓紧安装。

建立了大气环境质量适时跟踪制度。着眼完成年度大气考核指标，"倒算账"测算了下半年主要污染物每月浓度下降比例，建立空气质量"一日一提醒、一周一研判、一月一通报"制度，每日提醒监测点主要污染物指标情况，对超标指标提出具体整改要求；每周分析大气主要污染物情况，研判完成约束性指标面临的形势和困难，并提出针对性整改措施；每月召开约束性指标专题分析会，通报主要指标完成情况和重点工作任务进展，确保大气约束性指标完成。

增强大气污染防治工作的科学性。针对我市大气环境质量一季度恶化明显问题，邀请太原理工大学、省环境监测总站等单位专家，对主城区大气污染成因进行分析，对主城区 5 个国控监测点周边污染源开展了环境综合整治。认真学习贯彻全省大气污染防治工作太原现场会精神，由分管副市长亲自率队前往太原，就分布式燃气供热改造、清洁能源供热、洁净燃料生产等成功经验学习取经和深度对接，在参观学习中找准工作突破口。

四、重点开展重污染河段水环境治理

针对三个断面氟化物等污染物超标问题，我们在 1 月发现异常后，就马上对上游企业进行了排查和加密监测，重点对郊区三家涉氟的光伏企业采取了停产、限产措施，将排放标准由原来 15 mg/L 提高到地方特殊排放限值 5 mg/L。特别是进一步加大水污染防治工作力度，增加夜查、突查频次，依法严厉打击，同时，加快推进郊区的北寨和黄碾、襄垣甘村等人工湿地建设，对天脊集团、潞安煤基合成油等潜在隐患企业提出整改措施和要求，并制定了《长治市重点河段水环境改善工作方案》。从近期监测数据看，一季度水质恶化的三个断面已大幅改善，司徒桥断面水质已恢复 2015 年水平，王桥断面、实会断面均优于 2015 年水质。

五、开展全市环境保护督察工作

为了落实党政同责、一岗双责，明确各级各部门责任，逐级传导压力，形成齐抓共管的强大合力。市委、市政府借鉴中央和省环境保护督察模式，建立了市级环境保护督察制度。结合全市环境保护大检查（督察）工作，成立了 6 个督察组，分别由环保、公安、住建、国土、交通、经信 6 个市直部门分管领导担任组长，抽调相关部门人员，全部脱离原工作岗位，进驻城区、壶关等 7 个县市区开展环保督察，督察时间先期为一个月。

六、认真整改环保约谈问题和挂牌督办案件

对环境保护部约谈中涉及的 6 个县市区和 29 家企业负责人，市政府进行了集中约谈警示。针对环境保护部约谈指出的问题，严格按照"具体问题整改不到位不放过，没有举一反三组织整改不放过、环保长效机制建设不落实不放过、环境执法不严格不放过、环境质量不改善不放过"的"五不放过"要求，边查边改、

立说立改，不折不扣整改落实。对潞宝焦化、青春玻璃等 13 家企业环境违法问题进行了立案查处，先后向 65 家违法企业下达限期治理通知，累计罚款 1 600 余万元，其中，对天脊潞安化工实施按日计罚，处以 530 万元罚款。目前，环境保护部约谈我市后挂牌督办和通报存在问题的企业已全部完成整改。

七、痛下决心化解过剩产能

我市是典型的资源型城市，煤、焦、冶、电是我市传统支柱产业。市委、市政府坚持产业结构调整为环境保护让路，经济发展以生态环保为先。2016 年，全市原煤产量要压缩在 1.1 亿 t 左右，其中地方煤矿 5 000 万 t。同时，加快水泥、玻璃等行业改造升级步伐，引导首钢长钢、兴宝、太行等钢铁企业大幅压缩粗钢、普通钢产量，大力应用新技术、新工艺、新装备，提升产品附加值，以增量促存量改革，走低碳环保可持续发展之路。

环境保护部约谈之后，经过四个多月的认真努力整改，我市环境质量大幅提升，环境综合整治初见成效。一是空气质量：5 月 1 日至 8 月 31 日，我市二级以上天数 95 天，同比增加 21 天；综合质量指数同比下降 20.8%；$PM_{2.5}$、PM_{10} 浓度同比分别下降 22.8%、22.6%，二氧化硫浓度同比下降 44.4%；臭氧浓度同比下降 8.3%；二氮化氮浓度同比下降 11.5%；一氧化碳浓度同比下降 29.2%。。二是水环境质量：通报的实会、王桥、司徒桥三个断面 4 月以来水质显著改善，1—8 月，全市 17 个国控、省控断面中，水质优良 12 个，占 70.6%；轻度及以上污染断面占 29.4%，断面达标率全省领先。

宿迁大气污染防治工作的现状及思考

江苏省宿迁市环境保护局 陈琳琳

摘 要：2013 年以来，江苏省宿迁市进入以治理 $PM_{2.5}$ 为重点的大气污染物防治新阶段，宿迁市采取了一系列大气污染物治理措施，在对以往大气污染治理经验总结的基础上，结合区域大气污染治理实际，就中心城区空气环境治理存在的问题提出了进一步思考。

关键词：大气治理 污染治理 环境质量

宿迁是江苏省 13 个地级市之一，1996 年 7 月经国务院批准设立地级市，面积 8 555 km^2，素有"华东的一块净土，江苏的两湖清水"的美誉，中心城市绿化覆盖率 40%以上，是名副其实的绿色家园。2015 年环境空气质量达标天数 242 天，二氧化硫、二氧化碳含量低于国家环境空气质量一级标准，是江苏唯一没有酸雨的地级市，已初步成长为长三角地区重要的新兴城市。宿迁市委、市政府始终对大气污染治理工作高度重视，采取了一系列措施加强大气污染防治工作，区域大气环境质量连续多年得到持续改善。

一、宿迁市中心城区大气环境质量现状

按照环境保护部的要求，我市从 2013 年开始实施新的《环境空气质量标准》，在二氧化硫、二氧化氮、PM_{10} 三项指标基础上，增加了 $PM_{2.5}$、臭氧、一氧化碳指标，空气质量判断依据由 3 项扩充到 6 项。在新的指标体系下，监测指标增多、趋严，发布频率更高，空气优良率的"门槛"提高，我市及周边城市空气优良天

数比 2012 年均有显著下降，对中心城区环境空气质量改善提出了更高要求。

2013 年以来，为改善中心城区空气质量，我市以"创模、创卫"等活动为抓手，深入推进大气污染联防联控，先后实施了"扬尘污染控制行动、高污染燃料锅炉整治行动、夏季秸秆禁烧与综合利用行动、'黄土不露天'绿化行动、餐饮油烟达标行动"等专项行动，并取得一定成效，2014 年、2015 年 PM$_{2.5}$ 较 2013 年分别下降 8.78%、17.6%，连续两年被省表彰为大气污染防治优秀城市。2016 年围绕省"四位一体"考核体系，即在空气质量达标率上升、重污染天数下降、臭氧超标天数下降的前提下，确定中心城区 PM$_{2.5}$ 减降 18% 的省定优秀工作目标，并制定了 9 大工程、44 项具体工作任务、79 个具体整治工程项目和 10 条保障措施。

二、影响中心城市空气质量的主要原因分析

我市的大气污染防治工作虽取得阶段性成果，但受特定的气象条件限制，区域性污染特点明确，空气质量极易反弹，当前中心城区空气质量与国家标准、公众期盼和省考核要求仍有较大差距，防控形势十分严峻，综合分析，影响我市中心城区大气环境质量的因素有以下几方面。

（一）特殊地理区位和发展阶段影响大气质量

我市位于南北方城市分界线上，加上微山湖、骆马湖位于我市北方，与大运河形成气流通道，北方城市冬季供暖污染气团受季风影响沿此通道南下，处于苏北平原口的我市，较淮安等城市先承接污染，区域性污染输送影响突出。此外，我市处于特殊发展阶段，产业结构布局不合理，城郊、城乡结合部边界不明显，城中村多，管控落实难，市区绿化扬尘管理粗放，道路机扫率低、湿扫率更低，道路洒水覆盖率和频次均不高，建筑工地扬尘管控不严等，都不同程度地影响着市区空气质量提升与改善。

（二）大气治理主体责任需进一步落实

目前，我市大气污染防治部门联动、行业推动不够。个别地方主动作为不够，联防联控机制没有真正建立，工作合力未形成；同时受体制、设备所限，部门履

职推进效果不明显；由于外部大环境影响，企业普遍配合整改力度不够。周边乡镇村民有焚烧落叶的习惯传统，村居环境集中整治期间，部分村组为减少清运量集中焚烧枯草落叶废弃物，在特定的气象条件下推高污染物浓度峰值，严重影响空气质量。

（三）环境容量发展空间不足

宿迁与周边地区相比，建市时间短，工业化、城市化还在进行之中，城市建设对大气环境质量影响因素评估不足，产业结构、能源结构、城市基础设施建设仍是当前制约大气环境质量改善与提升的重要因素，在一定程度上影响了区域大气流通和自净能力。

（四）重污染天气过程管控不够有效

自 2015 年 11 月以来，我市共启动重污染天气蓝色预警 6 次（2016 年 3 次），预警天数达 22 天，其中 1 次升级为黄色预警。相对而言，重污染天气应急的及时性、有效性比往年有所提高，但是受预警能力影响，管控措施真正执行落实与距离"有效管控"还有较大差距，客观评估预警启动效果不太理想，预警启动时间滞后，应对管控措施被动消极，启动后被动应付，重污染天气应对"束手无策"，有时只是为了启动而启动，消减污染物浓度峰值、应对重污染天气效果大打折扣。

三、改善提升中心城市空气质量的对策措施

大气环境质量影响百姓健康，关系城市总体形象和经济社会持续发展，宿迁市将"生态立市"作为六大发展战略之一，对大气环境质量有着更高的要求，就中心城区空气质量改善与提升工作，结合工作实际，笔者从以下几个方面进行思考。

（一）须紧扣源解析科学施策

"底数不清、机理不明、技术不足"是制约大气污染防治工作的瓶颈之一，要提高大气污染防治工作的针对性、有效性，防止重心失准，只有弄清污染主要因

素，对症施策、精准整治，才能更加有效地改善大气环境质量。依托 2014 年大气源解析结果，加快建立全市大气污染源排放清单，利用我市与中国环境科学研究院技术战略合作契机，为科学治气提供智力支撑。将企业污染源自动监控设施运维纳入监测管理，完善联网数据。推行企业环保设施用电单独计量，持续加大工业企业的监管，完善空气质量监测网络，提高监测预警能力。

（二）须紧抓产业结构和能源结构调整

目前，我市 GDP 增长相对有所趋缓，但是增速仍位于全省前列，空气质量的改善与否，直接关系群众对改革发展的幸福感和获得感，当前，我们不仅要保 GDP 的增长，更要保环境质量，更多思考空气质量的改善提升，须考虑在提升发展质量和效益方面走在全省前列，把大气污染防治与能源、产业、交通、城市规划布局等各种发展要素结合起来；把大气环境承载力作为优先考虑因素，实现环境与发展的共赢。须制定严于国家要求的落后产能淘汰标准，从严控制"两高一资"行业发展，引导和倒逼产业"绿化"。大力压减非电用煤，提高煤炭清洁利用水平，对城市主城区大气重污染企业结合产业布局实施"退城进园"搬迁改造。

（三）须紧抓大气污染源源头和长效治理

推进多个领域、多项污染物的协同共治，提升大气污染治理的科学性、系统化和精准度。全面推进热电以及钢铁、水泥、平板玻璃等非电行业的提标改造，启动钢铁、焦化行业脱硝设施建设，降低工业污染负荷。突出抓好臭氧污染治理，把挥发性有机物纳入总量控制范围。车油路管控结合，对新注册和异地转入车辆全面实施国 V 标准，全部淘汰黄标车。推进船舶限航、淘汰和改造工作，禁止单壳化学品船和 600 t 以上油船进入宿迁京杭运河水域航行，推进全市港口岸电系统建设。全年实行秸秆禁烧，加强城市扬尘整治，解决治理粗糙，控尘乏力问题。

（四）须紧抓空气清新和异味专项整治

近年来，受静稳天气等特定气象条件限制和区位环境的影响，中心城区空气异味已成为广大市民讨论的热点话题、媒体舆论关注的焦点问题，也成为大气环境质量改善提升的短板。2016 年市政府把解决市区的异味整治工作作为为民办实事加以推进，严格按照"属地管理、分类施策、疏堵结合、综合治理"的整治原则，推进中心城区空气异味整治，给全市人民交上一份合格答卷。

（五）须紧抓重污染天气应急防控

及时有效管控重污染天气将是当前和今后一段时期降低重污染天气危害，实现空气质量改善目标的关键性措施。作为管理者必须积极作为，只要稍有松懈，就会陷入被动局面。须认真总结大气应急工作的经验教训，组织修订重污染天气应急预案和分级管控措施，把空气质量预测预报时间提前到 48 小时，并根据预测结果，提前应急"削峰"。规范应急响应流程，责任落实到人，组织专项督查，确保应急机制高效顺畅运转，杜绝"卡壳""挂空"现象。

湖州市环境污染治理工作的实践与思考

浙江省湖州市环境保护局　　姚玉鑫

摘　要：随着经济的发展，环境污染问题越来越严重，治理环境污染成为当下一个紧迫的问题。湖州市近年来在推进环境污染治理的实践中进行了有益的探索与实践，从源头管控、末端治理、日常监管等方面下功夫，环境污染治理工作取得了显著成效，实现了经济社会的又好又快发展。

关键词：生态文明　环境　治理

一、引言

湖州是"两山"重要思想的诞生地、"美丽乡村"的发源地、"生态+"的先行地和太湖流域的涵养地，是唯一经国务院同意的地市级生态文明建设先行示范区，生态优势一直是湖州最大的优势。"行遍江南清丽地，人生只合住湖州"是元代诗人戴表元对湖州良好人居环境的赞誉，也是今日湖州的真实写照，但湖州民营经济较发达，工业企业分布广，全市工业中传统产业比重较大，环境治理压力较大。近年来，湖州市以生态文明建设示范创建为契机，以绿色发展为理念、以"行业整治""治霾治气""五水共治"为抓手，大力推进全市环境污染治理工作，并取得了显著成效。

二、主要成效

（一）环境质量明显改善

到"十二五"末，湖州市市控以上监测断面Ⅲ类以上水质比例达 94.3%，较"十二五"初期上升 14 个百分点，在省内率先实现市控以上无劣Ⅴ类和Ⅴ类水质断面的目标，交界断面水质考核达优秀等次，入太湖水质连续 8 年保持Ⅲ类以上，连续两年夺得代表浙江省治水最高荣誉的优秀市"大禹鼎"。空气质量中 $PM_{2.5}$ 浓度持续下降，2015 年市区 $PM_{2.5}$ 浓度为 56.9 $\mu g/m^3$，较 2014 年下降 11.4%，较 2013 年下降了 23%。生态环境质量公众满意度得分逐年上升，位居全省前列。

（二）生态建设走在前列

湖州先后成功创建了国家环保模范城市、国家森林城市、全国水生态文明城市建设试点城市，被列为全国生态文明建设试点市，并成为全国首个地市级生态文明先行示范区，在全省率先实现国家级生态县区全覆盖，湖州国家生态市通过技术评估并直接进入待命名程序。目前，全市 80%以上乡镇获得国家级生态乡镇，累计建成国家级生态乡镇 47 个、国家级生态村 2 个。

（三）污染整治成效明显

湖州完成铅蓄电池、电镀、印染、化工等六大行业整治，累计关停淘汰 129 家企业、原地整治提升 200 家，搬迁入园 24 家，整治完成率为 100%。通过整治，重点行业集中度明显提高，污染治理水平有效提升，污染物排放总量大幅下降。截至 2015 年年底，湖州市化学需氧量、氨氮、二氧化硫、氮氧化物减排超额完成"十二五"减排总任务。

（四）基础能力不断提升

全市污水处理、垃圾焚烧处置实现全覆盖，建成污水集中处理设施 43 座，污水处理能力达到 83.8 万 t/d；建立生活垃圾"户集、村收、乡镇运、县区集中处置"

机制，建成垃圾焚烧发电厂 4 座，垃圾焚烧处理能力达到 2 700 t/d，垃圾收集处理实现日产日消。

三、主要做法

（一）严控源头，助推产业转型升级

注重把抓好源头管控作为优化产业结构调整，助推经济转型升级的有效手段，湖州严格执行空间、总量、项目"三位一体"的环境准入制度以及专家评价和公众评议"两评结合"的环境咨询决策体系。一是做好提前介入。把环境准入理念融入各级政府、部门项目综合决策体系之中，通过各种服务手段，积极主动参与各级政府部门项目协调、咨询及审查过程中，从空间管控、总量控制、行业准入等方面及时提出环保建议。通过提前介入，对不符合环保要求的项目在前期对接中予以了劝退。二是强化规划环评引领。在准入管理中牢固树立"生态红线"意识，结合德清县规划环评+环境准入改革试点，以省级以上经济开发区（工业园区）、区域开发为重点，大力推进规划环评工作。三是严格环评审批。对列入市级负面清单管理的项目严格环境准入管理，对不符合空间、总量等环境准入要求的项目环评坚决不予审批。同时按照建设项目环境影响评价公众参与和政府信息公开有关要求，实施环评审批全过程公开，确保公众知情权。

（二）强化整治，着力解决污染问题

湖州地处太湖流域，环境准入要求及环保标准要求相较其他地区更严格，一直以来严格执行国家相关产业政策和环保标准，大力开展污染整治。一是开展行业专项整治。围绕湖州环境治理工作中的短板问题，近年来，按照"关停淘汰一批、集聚入园一批、规范提升一批"的原则，先后开展了铅蓄电池、电镀、印染、造纸、制革、化工六大重污染高耗能行业专项整治以及喷水织机、小化工、小竹业、小印花和小木业等"低小散"企业整治，通过整治，关停了一批重污染企业，解决生产环境"脏乱差"和"跑冒滴漏"问题，保留企业生产清洁化、管理规范化。二是开展水环境综合治理。借"五水共治"之力，狠抓水环境综合治理，全

面推进治污水、防洪水、排涝水、保供水、抓节水，大力整治黑臭河、垃圾河，全面开展畜禽养殖污染治理，加快推进城市截污管网建设和农村生活污水治理。通过整治，湖州生猪存栏量削减 50% 以上，农村生活污水治理保留自然村村覆盖率达 100%。三是开展大气污染防治，围绕"尘、烟、气"三大领域，建筑工地全面落实"7 个 100%"要求，即施工现场围挡、工地砂土（沙场）覆盖、工地路面硬化、拆除工程洒水、出工地运输车辆冲净且密闭、暂不开发的场地绿化 100% 落实，以及外脚手架密目式安全网 100% 安装，并在工程招投标中明确大气治理要求，道路保洁全面建立"定车、定人、定时、定位、定区域"机制，砂石运输车实现"专业化、公司化、本地化"管理，黄标车淘汰实现"清零"，高污染燃料小锅炉基本淘汰完成，工业挥发性有机物治理、重点行业清洁化改造任务加快实施，湖州空气质量持续改善。

（三）强化保障，健全制度巩固成效

坚持从科学性、系统性、权威性的高度建立健全机制体制，巩固治理成效。一是强化组织保障，围绕大气污染防治、"五水共治"等中心工作，湖州市、县区均成立党政一把手为组长的工作领导小组，抽调部门骨干力量组建治水办、治气办，建立"统分结合、实体运作"的立体化工作组织体系，统一谋划治水治气工作目标和年度任务，设计工作载体，全面强化治水治气工作的组织领导和日常推进。二是注重科技保障，坚持科学治理的理念，不断强化科技和人才支撑。聘请由"两院"院士、"国千""省千"、省"151"等专家组成的团队分类组建专家服务组，开展决策咨询、技术指导和难题攻关服务。注重加强与高校院所合作，如在全省率先实施大气污染防治，开展大气污染源解析研究，锁定"尘、烟、气"三大领域，为精准治气奠定了基础。三是加大资金保障，通过整合相关部门的专项经费、压缩"三公"经费，集中用于环境治理。如在治气工作中市财政专门安排 6 000 万元用于黄标车淘汰补助、7 500 万元用于燃煤小锅炉淘汰补助，在治水工作中市、县财政对农村生活污水治理每户补助 2 500～3 000 元，市财政对污水管网补助标准由 15% 提高到 30%。四是严格执法保障。树立法治理念，坚持依法治理，对环境违法行为"零容忍"，强化依法行政，整合完善执法体系，构建"权责统一、权威高效"的行政执法体制，强化执法协作和信息共享，从严落实新环

保法要求，坚持源头严控、过程严管、后果严惩，始终保持环境执法高压态势，突出工业治污重点，严查涉水、涉气问题，用足按日计罚、停产限产、查封扣押、行政拘留等刚性手段，推动从政府主动执法向企业自觉守法转变。

四、总结

通过湖州环境污染治理工作多年的实践，做好环境污染治理工作必须要领导重视，要把环境污染治理工作纳入社会经济发展的大格局中去谋划、去实施。

（一）开展环境污染治理必须加强领导

环境综合治理是一项庞杂的社会系统工程，涉及面广、工作量大，政府主导，领导特别是一把手重视，既是客观要求，也是最佳抉择。必须坚持"一把手"工程，把环境综合治理纳入本地社会经济发展规划的大框架中，提上政府重要议事日程，并且在财力、政策等方面给予有力保障，部门职责分工明确，切实形成合力推动工作。

（二）开展环境污染治理必须以人为本

在环境污染治理的实际工作中，我们坚持以人为本、重点突破、着力于解决环境问题，大气污染治理、"五水共治、四边三化、三改一拆"等各项工作要求都立足于尊重民意、改善民生，使群众受惠受教育，从而实现政意与民愿互通，全民参与合力推进，巩固治理成效才有长久的生命力。

（三）开展环境污染治理必须夯实基础

湖州环境污染治理的成效是因为各级政府切实加快经济转型升级，加大环保投入，加强基础能力建设奠定的良好基础，形成了"经济反哺环境，环境优化发展"的良性互动关系，也将湖州的生态优势转变成为湖州的发展优势，带来了生态红利。

（四）开展环境污染治理必须立足长效

环保工作只有起点，没有终点。随着经济社会的发展和社会环境需求越来越高，巩固环境污染治理成果也必须适应新形势，解放思想，改革创新。只有在体制、制度、技术上不断创新，积极探索建立健全一套行之有效的长效机制，真正解决"治标"与"治本""突击式"与"经常化"的问题，走上常态化、制度化、法制化轨道，才能使治理成果得到有效地巩固发展，并且创出时代特色和地方特色。

龙岩市流域生态补偿工作的发展现状与思考

福建省龙岩市环境保护局　陈达兴

摘　要：龙岩是福建省最重要的三条大江——闽江、九龙江、汀江的发源地。本文以龙岩市贯彻落实水环境整治工作部署、积极推进流域生态补偿工作为例，介绍了龙岩市在重点流域生态补偿工作方面的开展情况及取得的成效，深入剖析存在的问题，并提出改进建议。
关键词：流域生态补偿　水环境保护　生态环境保护　生态补偿机制

龙岩是福建省最重要的三条大江——闽江、九龙江、汀江的发源地。境内主要有三大水系（韩江、九龙江、闽江）、四大河流（汀江、梅江、九龙江北溪、闽江沙溪）。近年来，全市各级各部门认真贯彻落实水环境整治工作部署，积极推进流域生态补偿工作，在财政部、环境保护部等中央部委和福建省委、省政府的积极协调与关心支持下，重点流域生态补偿工作取得了一定实效。

一、重点流域生态补偿工作开展情况

（一）闽江流域

闽江是我省的第一大河流，我市连城大部分、长汀部分乡镇属于闽江沙溪流域。由于我市境内流域面积较小，2009 年以前，省里主要是对我市流域内的重点污染企业治理给予一定补助，每年资金不到 100 万元。2009 年以后，闽江流域专项资金实行因素分配，资金有所增加，每年约 300 万元。

（二）九龙江流域

九龙江是我省第二大河流，起源于我市连城县，经漳州、厦门流入台湾海峡。在福建省委、省政府及相关厅局的积极协调和下游地区厦门、漳州两地政府的支持帮助下，建立了九龙江流域上下游生态补偿机制，补偿资金拼盘主要由厦门、漳州、龙岩市政府出资和省政府环保资金共同组成。近年来，龙岩与厦门依托闽西南城市联盟、山海协作平台，不断加大双方在环保领域特别是九龙江流域水环境保护工作的合作，建立了信任，密切了联系，厦门、漳州、龙岩三市人大和政协每年都要组织开展九龙江流域水环境整治调研与视察活动，共商九龙江流域水环境保护工作，为九龙江流域水环境综合整治机制的持续有效推进打下了坚实的基础。2003 年以来，厦门市政府已出资 5.2 亿元，漳州市政府已出资 0.65 亿元，省政府环保专项资金已出资 3.9 亿元，龙岩市获得治理补偿资金约 4 亿元，扣除龙岩市出资 0.65 亿元，实际得到治理专项补助资金约 3.35 亿元。但与龙岩市同期在九龙江流域整治方面的投入（约 32 亿元）相比，补偿资金的比例仍然很低。

（三）汀江流域

汀江是我省第三大河流，是"客家母亲河"，又是广东韩江水系的源头，是我省唯一的省际河流，龙岩境内最大河流。近年来，我市始终高度重视汀江流域水环境保护工作，通过强化沿江沿河重点工业污染源排放监管，严格限制高污染、高耗能企业落户，加快城乡生活污水垃圾处理设施建设等有力措施，确保了汀江流域水环境的持续优良。据监测，我市交给广东省的水质始终保持在优于地表水 III 类水质以上（广东大埔青溪水质自动站监测数据显示大部分时间段处于 II 类以上水质）。应当说，我市很好地履行了作为上游地区的环境保护职责，把优良的水质、丰富的水量交给了下游潮汕地区。但是，汀江流域各县也因此损失了很多的发展机会，保护资金的大量投入也占用了流域各县本就有限的财政资源。基于国内外流域上下游共建共享、公平发展的普遍认识和探索经验，我市各级各部门及社会各界广泛呼吁要求建立汀江—韩江生态补偿机制。

近年来，我市高度重视汀江流域水环境保护工作和汀江—韩江流域生态补偿机制的建立工作，为此做了积极的努力。市委书记、市长在全国党代会、人大会议上，均提出了建立汀江—韩江流域生态补偿机制的建议，在小组会议、讨论和媒体采访中均提出要加快这一工作进程，促进"生态龙岩、美丽龙岩"建设。我市环保、财政等有关部门，人大代表、政协委员不断通过各种场合、各种形式，向财政部、环境保护部及福建省委、省政府请求协调建立福建、广东两省的汀江—韩江流域上下游生态补偿机制。2012 年年初，习近平总书记对长汀县水土流失治理工作做出重要批示后，财政部等七部委调研建议依照新安江流域生态补偿机制设立汀江—韩江流域上下游生态补偿机制，由中央、福建省、广东省共同出资设立生态补偿基金。2012—2014 年，财政部、环境保护部从中央排污费专项资金中，每年列支 5 000 万元专项用于长汀县开展汀江水污染防治工作。应当说，省、市、县及广大人大代表、政协委员这几年做出了积极的努力，国家层面也已经高度重视、积极协调。

最终，在国家、省、市的共同努力下，2016 年 3 月 21 日，财政部、环境保护部在我市联合召开部分省份流域上下游横向生态补偿机制建设工作推进会，福建、广东两省签署汀江—韩江流域水环境补偿协议。根据协议，2016—2017 年，广东、福建两省及中央部委每年出资 5 亿元，作为汀江—韩江流域水环境补偿资金，汀江成为继新安江之后又一个全国性生态补偿试点。

二、当前我市流域生态补偿工作存在的问题

从严格意义上说，目前我市会同福州、厦门、漳州等地共同开展闽江、九龙江流域生态补偿工作还不是真正的生态环境保护补偿机制，仅仅是初步的工作和探索，或是仅针对整治项目的补助，即流域专项整治资金政策。具体原因如下。

（1）没有出台相应的基于上下游区域共建共享、公平发展原则的一揽子政策措施。

（2）资金总量小，下游出资与上游在水环境保护的投入、因限制发展而损失的发展机会相比，差距很大。据我市 2003 年以来的投入情况看，我市在九龙江、闽江、汀江流域整治的实际投入达到 40 多亿元，而实际获得的补偿或补助资金仅占 8%左右，所占比例非常小。

（3）资金由省财政、环保统筹分配，并由省级部门监督资金使用，而上下游

地市之间的"责、权、利"未明确，相互间的沟通联系与协作关系还不够紧密。

（4）资金来源渠道较窄，使用限制多。目前九龙江、闽江整治生态补偿资金主要源于环保排污费支出，根据《排污费征收使用管理条例》的规定，资金只能用于重点污染源防治、区域性污染防治和污染防治新技术、新工艺的开发、示范和应用，不能用于绿化造林、水土流失治理、矿山生态恢复、产业结构调整等其他用途。

三、下一步我市流域生态补偿工作的思考

（一）争取将九龙江流域生态补偿从省级层面上升至国家层面

从大陆接水到金门，为台湾同胞解决缺水难题，已是老话题，但一直未能实现。2011 年，水利部与福建省政府就签订合作备忘录，明确支持福建加快建设金门供水等工程。厦门市亦将"适时推进向金门供水工程建设"写入《厦门市深化两岸交流合作综合配套改革试验总体方案》。2011 年年底，国家发改委做出批复："积极推进厦门市深化两岸交流合作综合配套改革试验，更好地发挥厦门市在海峡西岸经济区改革发展中的龙头作用，促进两岸关系和平发展。"2012 年，我省提出铺设管道为金门供水，并确定了两条备选跨海线路，一条是从晋江围头到金门；另一条是从厦门大嶝到金门（厦门向金门供水的方案基本形成）。因此，九龙江不仅是我省漳州市、厦门市饮用水主要水源，也是已规划的厦门向金门供水的重要水源。近年来，我省采取九龙江上下游生态补偿机制大力开展水环境综合治理。"十二五"期间，我市也投入 20 多亿元用于九龙江水环境综合治理，经过整治，水质取得一定好转，但仍有差距。笔者认为，从流域水环境可持续发展的角度出发，从支持海峡西岸建设、台海两岸合作、促进两岸关系和平发展的角度出发，应当将九龙江治理从省级层面上升至国家层面，对九龙江上下游生态补偿给予必要的政策倾斜和资金支持，让我市有足够资金用于九龙江流域水环境整治，确保流域水质得到根本好转。

（二）全面履职，努力建设跨省流域上下游横向生态补偿机制示范点

汀江—韩江流域水环境补偿协议签订后，我市作为协议的主要执行单位和受益者，将按照协议要求，全面履职，主动作为，持续抓好汀江流域水环境保护工作。要完善项目运作机制和各项配套政策措施，用好、用足补偿资金，确保流域补偿资金实现效益最大化；要更加严格执行新环保法，加强环境监测和监管，严厉打击环境违法行为，确保不发生水污染环境事件，力争实现水质目标，确保出境水质只能更好，不能更差；要加强与下游广东梅州的环保方面协作，协商建立信息通报、联合执法和预警应急机制，努力实现成本共担、效益共享、合作共赢的流域生态补偿目标，争取将汀江—韩江流域建设成为跨省流域上下游横向补偿机制的全国性示范点，为推进流域生态补偿工作提供可借鉴的成功经验。

以改善环境空气质量为核心
大力推进精准化治污　坚决打赢治霾攻坚战

山东省济南市环境保护局　高立文

摘　要： 近年来，大气污染特别是雾霾天气成为全社会关注的焦点。面对大气污染这一顽疾，济南市从精准化治污入手，强化科学分析研判、综合施策精准治污、健全督察督导机制、强化精细化监管执法，部署开展了大气污染防治"十大行动"，构建大气污染防治新格局，全面打响治霾攻坚战。

关键词： 大气污染防治　改善环境空气质量　精准化治污　精细化监管执法

近年来，大气污染特别是雾霾天气成为全社会关注的焦点，如何对症下药治理大气污染，让蓝天白云常伴美丽的泉城济南，这是当前济南市委、市政府尤其是环保部门工作的重中之重，也是 700 万泉城市民的殷切期望。济南市的环境空气质量虽逐年改善，但是受历史资源条件、产业和能源结构、产业布局、地形地貌等多方面因素的影响，特别是主城区污染物排放强度居高不下（约为山东平均水平的 4 倍、全国平均水平的 20 倍）。若想在短时期内实现空气质量大幅提升，任务异常艰巨，需要付出更加艰苦的努力。面对大气污染这一顽疾，济南市从精准化治污入手，强化精细化监管执法，部署开展了大气污染防治"十大行动"，全面打响了治霾攻坚战。

一、强化科学分析研判，打好精准化治污的基石

找准病根，才能对症下药。为摸清济南市大气污染的病根，做到科学治污、

精准治污，济南市全面加快环保大数据建设。

（1）密布监测网络。新建成并联网运行 8 个县级环境空气监测点位、5 个市区空气监测点位、2 个环境空气区域监测点位，全市形成了由 8 个国控点位、11 个省控点位、11 个市控点位，共计 30 个监测子站组成的环境空气自动监测网络，实现全市所有县（市）区空气质量监测全覆盖。同时，根据山东省环境质量监测"上收一级"的改革要求，所有环境空气质量自动监测子站实施社会化运营（TO 模式），监测子站设备维护及质量控制由运营单位负责，质控考核由比对单位负责，省环保厅直接负责对运营单位、对比单位的全面管理，进一步确保了监测数据的真实性、科学性。

（2）深入做好 PM$_{2.5}$ 源解析。在总结好国家环保公益项目"城市环境空气中 PM$_{2.5}$ 监测技术与规范研究""济南市扬尘污染防治管理信息系统研究""济南市大气颗粒物细粒子 PM$_{2.5}$ 数值预报研究与应用"等国家、省、市重点课题项目成果的基础上，在山东省内最早向社会对外公布 PM$_{2.5}$ 源解析结果。同时，积极引入第三方权威机构科学分析，与清华大学合作启动了大气污染物源排放清单编制试点工作，并顺利通过了环境保护部的验收。初步测算编制了济南市 PM$_{10}$、PM$_{2.5}$ 等九类大气污染物源排放清单，初步建立了大气污染源排放分类体系，厘清了各类污染源的活动水平、获取来源与途径，识别了济南市重点污染源及其排放特征，进一步明确了济南市雾霾污染应对的重点。

（3）建立环境形势月分析制度。针对全市环境质量形势每月进行分析研判，深入分析分行业、分类源、分时段、分区域的污染情况，对各县（市）区环境质量情况进行公开通报、定期考核，严格落实横向生态补偿奖惩机制，按季度实施环境空气质量考核奖惩，将环境质量改善的压力层层传递到各县（市）区、各有关责任主体，督促各级政府根据环境质量变化形势及时采取针对性措施，集中力量解决影响群众健康的突出环境问题。

二、综合施策精准治污，打响大气污染防治攻坚战

面对异常严峻的大气污染防治形势，济南市从本地大气污染的实际出发，从全面推进精准化治污入手，启动实施大气污染防治"十大行动"，包括扬尘治理及

渣土整治、工业污染源达标提升、餐饮油烟治理、机动车污染治理、工业余热利用、油品品质保障、清洁能源推广、东部老工业区搬迁改造及落后产能淘汰、绿色生态屏障建设、全民参与环保等方面，涵盖大气污染防治工作的各个重点领域。全市确定了"长短结合、以短期为主，标本兼治、以治标为主，主客观结合，以主观为主"的大气污染防治工作思路，推进大气污染防治重点领域的重点突破。

（1）强化压煤措施。加大市区燃煤锅炉淘汰力度，通过采取集中供热、煤改气、煤改电等措施，建成区列入淘汰的 134 台、2 117 蒸吨 35 t 及其以下燃煤锅炉，已淘汰 114 台、1 809 蒸吨。出台了民用生活燃煤清洁化工作方案，集中开展散煤整治，年内中心城区全面禁止销售散煤，通过财政补贴方式鼓励居民购买使用清洁型煤和环保炉具，实现民用洁净型煤全覆盖。积极推进外电入济、周边城市余热利用工作。推动全市新能源发电装机总容量 40.69 万 kW，淘汰落后产能 182 万 t。锡盟—济南 1 000 kV 特高压入济工程建设已经进入尾声，茌平、邹平余热入济项目已经研究决策。东部老工业区搬迁已完成 30 家，2016 年年底前山东球墨铸铁管有限公司将全面停产。

（2）强化扬尘与油烟防治。狠抓源头控制，研究将防尘降尘费用列入工程建设成本，把渣土开挖纳入施工管理许可，渣土运输实行双向签单、到场付费制度，并加强了建筑垃圾消纳场的管理。全市 6 000 多个建筑工地落实"四个一律""六个百分之百"等防尘降尘措施。研究制定了《济南市烧烤治理办法》和《餐饮油烟管理考核办法》，落实属地管理责任，开展专项整治行动，对未达标排放餐饮单位下达责令改正通知书 1 108 件，已安装油烟净化设备 960 家。

（3）强化机动车尾气治理。在 2015 年全面完成 9.2 万辆黄标车淘汰工作基础上，积极开展机动车停放地抽检和远程遥感监测工作，严格查处不达标车辆，共查处机动车冒黑烟 66 辆，大货车违法 27 415 辆，渣土车违法 14 009 辆。加大机动车环检机构检查力度，先后对 2 家机动车检测服务机构的违法违规行为进行了处罚。建立油品升级、质量抽检、台账档案，开展《成品油经营批准证书》年度审验。

（4）强化工业污染治理。扎实开展工业污染源达标提升行动，加严废气污染物排放标准，要求自 2016 年起，全市火电行业燃煤机组及单台出力 65 t/h 以上大型燃煤锅炉执行烟尘特别排放限值，对全市达不到第三阶段限值的首批 39 家单位下达达标提升改造工作计划，全市 10 万 kW 以上燃煤机组超低排放改造工作全部完成。积极开展挥发性有机物治理，下达 69 个年度治理任务。严格执行新《环境保护法》，2016 年以来全市共立案查处各类环境违法案件 105 件，罚款 624.7 万元，其中按日计罚 6 件，查封扣押 5 件，刑事拘留 2 人，取保候审 8 人，行政拘留 7 人。

（5）强化重污染天气应急管理。积极开展全市重污染天气应急预案的修订工作，降低重污染天气应急响应门槛，在原有的基础上增加蓝色预警。做实、做细重污染天气应急预案，严格落实重污染天气应急响应督查机制，督促应急响应部门、企业限产限排措施的落实，确保大气污染物足量削减。

（6）推进省会城市群大气污染联防联控。认真落实《省会城市群大气污染联防联控协议书》，积极开展联动执法、交叉执法。与兄弟城市交界的 7 个县（市）区，分别与 12 个相邻县（市）区签订了联动执法协议；联合淄博、滨州等城市开展了联动执法行动，互查污染，推动形成打击环境违法行为的合力和高压态势。

三、健全督察督导机制，构建大气污染防治新格局

为确保各项工作措施落到实处，济南市创新督察督导方式，建立了"全天候、全覆盖、全方位、全社会"的督导检查体系，推动形成大气污染防治的新格局。

（1）建立市级领导暗查督导机制。按照"一确定、两不定"（即带队领导确定，具体时间、具体点位不定）的原则，开发随机点选系统，8 位市级领导隔周进行暗查督导。自 2015 年 11 月 26 日以来已检查 66 次，发现并整改问题 150 多个。市委、市政府督查室把大气污染防治作为重点督查事项，定期督查通报工作进展。

（2）建立 24 小时巡查监督机制。自 2016 年 12 月 1 日起，从环保、公安等有关部门和新闻媒体抽调 59 人，分 3 个组，开展 24 小时巡查监督。各区和各有关部门明确专职联络员和工作组，制定了巡查监督方案，建立了从发现问题、现场取证到移交处理、跟进监督、信息反馈和责任追究的一条龙工作机制，实行"一次黄牌、二次红牌、三次追责"，倒逼责任单位加快整改，确保巡查监督效果。2016 年上半年共出动人员 8 050 余人次，检查点位 5 713 个，发现问题 1 745 个，已将发现问题移交相关责任单位督办整改。目前，各牵头部门负责的重点项目有序推

进整改。

（3）开展"啄木鸟行动"。市级主要媒体开辟专栏专题、设立有奖举报热线，广泛动员公众参与，全天候曝光环境违法行为、部门不作为现象，让媒体和公众进行跟进监督，积极构建"防霾治霾、共治共享"的工作格局。同时，多次邀请中央和省驻济媒体专题座谈，加强舆论监督，帮助整改问题，共同推进大气污染防治工作。"啄木鸟行动"已举报"害虫"线索 1 370 余件，媒体刊播稿件 1 450 余篇，执法处置问题 1 745 个。

济南市的大气污染防治工作尚处于攻坚阶段，迎来环境空气质量根本性改善的"拐点"还需付出艰苦努力。在开展大气环境治理的过程中，必将伴随着经济社会发展转型升级的阵痛，绝非一日之功。我们将认真落实国家、省里的要求，积极学习借鉴兄弟城市的经验做法，发扬"钉钉子"的精神，持之以恒，久久为功，坚决打赢这场大气污染防治攻坚战，努力为党委、政府和广大人民群众交上一份合格的答卷。

正本清源　　强化监管
从严从实治理大气污染

山东省莱芜市环境保护局　李斌祥

摘　要：落实国家和省大气污染防治指标，要在当前现有经济社会条件下，从根本上扭转大气环境现状，就必须正本清源，综合施策，强化监管，提升污染治理能力，提高发展的质量和水平。本文介绍了主要的工作经验。

关键词：大气污染　治理　监管

加强大气污染防治是党中央作出的重要决策，也是全社会的共同期盼，做好这项工作，既是重大的民生问题，更是重大的政治任务。党的十八届五中全会将绿色发展作为新的五大发展理念之一，明确要求加快补齐生态环境"短板"。习近平总书记强调，环境就是民生，青山就是美丽，蓝天也是幸福。改善空气质量，不能只靠"借东风"，事在人为。李克强总理指出，要在大气污染防治上下大力、出真招、见实效，消除人民群众的"心肺之患"。各级党政部门也都把大气污染防治作为当前环保工作的重中之重来抓，山东省委、省政府于 2014 年改革科学发展考核办法，把发展质量、环境保护作为约束性内容重点考核，将 $PM_{2.5}$ 改善、污染减排作为经济社会发展考核的硬性指标。大气污染防治取得了阶段性明显进展，环境质量正在向好发展。近年来，莱芜市委、市政府高度重视环保工作，坚持把改善大气环境质量作为环保工作的重中之重，综合施策，精准发力，从严从实抓好各项工作落实，取得明显成效。2015 年，全市二氧化硫、二氧化氮、PM_{10}、$PM_{2.5}$年均浓度分别为 59 μg/m³、46 μg/m³、133 μg/m³、84 μg/m³，同比分别改善 34.4%、8.0%、6.3%、4.5%；蓝天白云天数 197 天，同比增加 18 天，增加天数在全省列第 7 位；2016 年上半年二氧化硫、二氧化氮、$PM_{2.5}$ 年均浓度分别为 54 μg/m^3、45 μg/m^3、82 μg/m^3，同比分别改善 23.9%、2.2%、4.7%。

　　虽然取得一定成效，但大气污染防治成果还不稳固，受自然因素的影响还很大。2016 年上半年，尤其是 2016 年 4 月，由于连续干旱少雨，静风天气持续时间长，莱芜空气质量出现严重反弹，PM_{10} 达到 147 μg/m^3，同比恶化 -6.5%，蓝天白云同比减少 4 天。因此，要在当前现有经济社会条件下，从根本上扭转大气环境现状，就必须正本清源，综合施策，强化监管，提升污染治理能力，提高发展的质量和水平。我们的主要做法是：

一、抓源头，突出污染治理重点

　　从多年的实践经验以及大气污染源解析来看，造成大气污染的主要原因除自然因素外，主要来自燃煤、扬尘、异味和机动车四个方面，因此，强化工作措施，突出抓好上述四个重要污染来源是解决大气污染的必由之路。2015 年以来，我市深入开展"四控两提一平台"工程，准确抓住了莱芜大气污染治理的根本和要害。"四控"是指控制燃煤总量、控制烟（粉）尘及扬尘污染、控制异味及机动车尾气污染、控制秸秆焚烧；"两提"是指提高治理标准、提高监管能力；"一平台"是指建设环境监管信息公开平台。自 2015 年以来，莱芜市每年都以市政府名义制定详细、明确、具体的《"四控两提一平台"工程实施方案》，将 2015 年 7 大项 116 小项、2016 年 8 大项 293 小项重点任务逐一分解到各级各部门及各企业，周密部署，精心组织，快速推进，从严从实抓好工程建设，全面降低污染物排放。同时，针对 2016 年 4 月空气质量恶化的实际，莱芜市委、市政府高度重视，决定从 5 月底到年底，在全市深入开展大气污染综合整治，专项治理工业污染源、建筑工地扬尘、散煤清洁化、道路扬尘和露天烧烤污染等九大任务，举全市之力，集中攻坚，重拳出击，开展大气污染治理攻坚战和持久战。经过两个多月的整治，取得明显成效。先后治理工业污染项目 50 余个，全市各大发电机组先后实现超低排放，建成区内燃煤锅炉基本"清零"，圆满完成全市所有加油站油气回收治理工作及黄标车淘汰任务。5—7 月二氧化硫、二氧化氮、PM_{10}、$PM_{2.5}$ 同比分别改善 24.3%、12.1%、12.7%、21.5%，"蓝天白云、繁星闪烁"天数 73 天，同比增加 14 天。

二、抓监管，以严格执法保工作落实

规范企业排污管理，严格执法是保障。新《环境保护法》的出台，为强化执法监管提供了更为广阔的空间。如何利用新《环境保护法》的刚性手段打击环境违法行为，既防止排污企业一管就死，又能严格落实新《环境保护法》的规定，是环保部门需要研究的新课题。近年来，我们将贯彻落实《大气污染防治法》和新《环境保护法》有机结合，强力推进执法监管，以"零容忍"态度严厉打击环境违法行为，在培养企业守法意识和行为习惯上下功夫，为巩固环境质量改善成果和持续性好转打好基础。一是加大对违法排污行为的检查处罚力度。对全市重点排污企业进行拉网式排查，一项一项列出问题，一项一项制订整改方案，明确时间表、路线图、责任书。2016 年 7—8 月，共出动执法人员 240 余人次，排查企业 360 多家，实施查封扣押 10 件、实施限产停产 2 件，立案查处 50 多件，移交公安部门 4 件，行政拘留 4 人，逮捕 11 人，罚款金额共计 321.86 万元。二是完善执法机制。研究出台了《查封扣押实施细则》《限制生产、停产整治实施细则》《环境行政拘留案件移送实施细则》等六项实施细则，明确了各项工作的具体流程，提高了执法的规范性和实效性。在案件处理上，建立了查处分离制、案件审查制、集体会商制、限时办结制四项工作机制，规范了自由裁量权，保障了处罚案件的准确性和及时性。三是大力解决环境信访问题。始终坚持把环境信访作为环保工作第一信号，对群众反映强烈的突出环境问题，尤其是大气污染问题，我们坚持以问题为导向，以解决问题为原则，以群众满意为目标，积极妥善依法处理，环境信访案件办结率 100%。2015 年，环境信访数量出现了历史性转折，共办结 993 件，比 2014 年下降近 40%，群众合法环境权益得到了有效保障，群众对环保工作的满意度大幅度提高。2016 年，我们依托 12369 环保投诉专线，构建了"环保 110"指挥中枢、快速反应与处置、公检法联动三大机制，实现了高效指挥、快速处置、联动执法。"环保 110"指挥中心于 4 月 18 日正式启动。截至 7 月底，"环保 110"共出警 600 多次，及时办理各类环境案件 400 多件，有力地维护了群众环境权益。

三、抓转调，倒逼行业企业绿色发展

当前，工业结构偏重、经济发展方式不尽合理等突出问题，是制约环境质量改善的根本原因和深层次问题。要想从根本上改善环境质量，就必须牢牢抓住转方式、调结构这个"牛鼻子"不放松。因此，我们针对莱芜的客观现实，确定了"两手抓"的工作思路，即一手抓治污减排，不断改善环境质量；一手抓促进转调发展，运用环保倒逼机制，努力促进全市绿色发展、和谐发展、又好又快发展。近两年，为防止招商引资和项目建设中重污染项目上马，我们专门编发《招商引资环保服务指导手册》，从产业政策、环保选址、环评审批等方面为招商引资项目提供指导，通过严把项目审批关口，拒批"两高一资"项目20多个，减少了污染物排放，为环境友好项目腾出了总量空间，优化了产业结构；同时，积极支持新能源及节能环保产业和高新技术产业发展，全市新能源及节能环保企业达到30多家，高新技术产业产值占到规模以上工业总产值的19.7%。同时，抓住国家去产能的有利时机，以钢铁及其相关产业为重点，加大淘汰落后产能力度和提升装备工艺水平的力度，连续两年组织关停土小企业专项行动，关停取缔高耗能、高污染土小企业760家，关停、整治采石场27家。严格执行山东省地方排污标准，实行超标处罚、按日计罚、移交公安等措施，倒逼企业关闭、淘汰落后生产线和落后产能，推动全市行业企业绿色发展。

四、建机制，构建齐抓共管大格局

强化机制保障，构建党委政府领导、人大政协监督、部门齐抓共管、社会广泛参与、良性互动的大环保格局，是做好大气污染防治工作的关键。一是完善组织保障机制。建立高规格的大气污染防治指挥部，建章立制，明晰责任，强化"党政同责、一岗双责、失职追责"的工作机制，强化督企督政，为大气污染防治提供有力支撑。二是实施网格化管理机制。在全省率先实施环保网格化管理，建立完善市、区、镇、村环保监管四级网格。投资2 500多万元，在全市建设网格化空气、水质自动监测站26个，在全市62家重点排污企业安装在线监测监控设施

118 台（套），实现对重点区域、重点企业的全天候、全过程监测监控。三是建立督导机制。制订督导方案，全面加强对大气污染综合整治活动的督导考核，10 名市级领导分成 8 个督导组，每两周对全市大气污染防治工作督导 1 次。督导突出区域督导和行业督导相结合，找准薄弱环节，注重督导实效，提高督导针对性。四是严格考核机制。实践证明，考核是督促各级各部门履行大气污染防治的重要保障。莱芜市将考核作为工作落实的有力抓手，印发大气污染防治工作考核办法，每月对各区空气质量进行一次排名，连续 3 个月排名末位或出现反弹的，由市政府对主要负责同志进行约谈。对发现的问题及时督办，同一问题连续督办 3 次仍达不到标准要求的，移交纪检监察部门督办。对年度考核排名末位且环境质量恶化的区（管委会），对工作落实不力、措施不到位、考核不合格的部门，取消其单位和主要负责人的评先评优资格，并追究相关人员的责任。

关于焦作市大气污染防治工作的思考

河南省焦作市环境保护局　丁青云

摘　要：本文通过对焦作市大气污染现状进行分析，并通过对焦作监测数据分析阐明大气污染的成因，对焦作市近几年针对大气污染采取的控制措施进行了详细的论述，最后提出的当前工作的难点和下一步工作思路，为本市今后大气治理提供决策参考，并对其他地区大气防治工作提供借鉴。

关键词：大气污染　污染防治　工作思路

焦作市位于河南省西北部，北依太行，南临黄河，辖 6 县（市）4 区和 1 个城乡一体化示范区，总面积 4 071 km²，总人口 370.6 万。焦作市产业基础较好，现已形成装备制造、汽车及零部件等十大产业，是国家火炬计划汽车零部件特色产业制造基地、国家铝工业基地、国家新型工业化示范基地。

虽然焦作市多项工作走在了河南省前列，但焦作市又是一个以煤炭开采发展起来的资源型城市，煤炭消耗量大，废气污染物排放量也大，由于所处地理位置造成的扩散条件差等诸多原因，目前大气污染防治形势十分严峻。

一、面临的大气污染防治形势

焦作市的大气污染防治形势与整个河南省是相似的，放眼全河南省，2016 年度的大气污染防治形势都不容乐观。全省环境监测污染指数持续上升、在全国排位持续靠前、不少城市环境质量持续恶化。在此大环境下，焦作市不仅无法独善其身，而且比其他地市更甚之，完成年度考核目标的压力十分巨大。

根据监测数据，焦作市目前已成为全省大气污染严重的省辖市，城市空气质量不仅全省排名靠后，而且在全国也排名落后。2016 年上半年，焦作市 PM$_{10}$、PM$_{2.5}$ 平均浓度在全省均处于污染严重水平，全省所有省辖市排名中，焦作市 PM$_{10}$ 倒数第 6 位，PM$_{2.5}$ 倒数第 3 位。在全国实施新标准的 338 个地级城市大气环境质量排名中，焦作市 PM$_{10}$ 倒数第 11 位，PM$_{2.5}$ 倒数第 7 位。焦作市作为京津冀大气污染传输通道城市之一，大气污染防治已经到了十分危险的边缘，面临被区域限批等严重后果。如不加强大气污染治理，势必危害公众健康，玷污焦作形象，影响投资环境，引起人民群众不满和社会高度关注。

二、大气污染的成因

（一）所处地理位置扩散条件差

焦作市位于太行山南麓，由于太行山的阻隔，正北方向的风过不来，造成常年主导风向为东北风和西南风，次主导风向为西北风，大气稳定度高又造成静风频率高，地形地貌和气象条件均不利于城区大气污染物的稀释和扩散，容易形成重污染天气。

（二）产业、能源结构和企业布局不合理

焦作市历史上形成了以重化产业为主体的产业结构，产业结构偏重，污染排放较重。同时，焦作市能源结构仍然以煤为主，污染物排放量大，从源头上增加了大气环境质量改善的压力。另外，受地理位置限制等影响，企业布局十分不合理。全市数十家火电、建材企业均位于城市主导风向以及中心城区附近，对市区大气环境质量造成严重影响。

（三）基础设施建设欠账较多

焦作市中心城区虽然从 2014 年开始大力度开展集中供热工程建设，主干管网覆盖率和集中供热普及率明显提高，但与大气质量改善的急迫需求相比，仍有很大不足。六县（市）中五个县（市）均未开展集中供热工作，致使冬春季节采暖

期散煤使用量大幅增加，大气污染尤为突出；部分县（市）区天然气普及率仍然较低，散煤燃烧现象较为普遍。

（四）面源污染点多面广，大气污染的复合型特征加重

近年来，随着焦作市城市建设进程逐渐加快，建筑拆迁工地随处可见，有些采取的抑尘措施还不完善，扬尘污染比较严重。另外，机动车污染日益突出。2015年全市机动车保有量约53.9万辆，比2014年增加1.6万辆，不仅大幅增加污染物排放，而且产生的二次交通扬尘也对空气质量造成重大影响。

三、近年来大气污染防治工作开展情况及成效

近年来，焦作市每年确定一个污染整治重点，制订一个污染整治方案，集中力量推进环境综合整治工作。先后开展了"四个一批（关闭一批、搬迁一批、治理一批、转产一批）""1790""8160""53120""54130""74200"等环境综合整治工程，2014年、2015年，市政府又在全市大力开展了"蓝天雷霆"大气污染整治专项行动，在全市开展了工业企业大气污染专项治理、建筑拆迁施工扬尘污染专项治理、道路交通扬尘污染专项治理、黄标车限行淘汰专项治理、露天有烟烧烤清理整顿和餐饮门店油烟整治及清洁能源改造防反弹专项治理、集中供热供气建设和燃煤锅炉专项治理、油库加油站油罐车油气回收专项治理、秸秆等废弃物焚烧专项治理、重点区域扬尘污染专项治理、北部山区生态环境专项治理十大专项行动，大气污染防治工作得到全面深化和加强。

（一）强化"控污"措施

一是开展城区工业企业污染治理。继续实施城区工业企业"治理一批、搬迁一批、转产一批、关闭一批"，目前各项工作正在积极推动中。二是开展燃煤电厂机组烟气超低排放治理。要求全市燃煤机组一律实施烟气超低排放治理。三是实施燃煤锅炉综合治理。要求列入省定任务的4台10蒸吨以上燃煤锅炉开展提标治理，烟尘和二氧化硫达到《锅炉大气污染物排放标准》特别排放限值要求。四是实施烟气在线自动监控。要求全市水泥、碳素、玻璃、冶炼、制砖等废气重点企

业完成烟气自动监控设备安装,扩大废气排放监控范围。五是严格秸秆禁烧和加大垃圾焚烧监管。农业部门将秸秆禁烧指标任务逐级分解,层层签订责任书,一级抓一级,确保夏、秋两季秸秆禁烧工作取得实效。城管部门同环卫工人签订责任书,严禁在城区环境卫生保洁过程中就地焚烧废旧塑料、橡胶、皮革、生活垃圾、枯枝树叶、杂草等各类废弃物。

(二)强化"控煤"措施

一是开展"气化焦作"工程建设。全面加强和完善天然气基础设施建设,在市城区、各县(市)建成区及重点行业和领域大力推广使用天然气等清洁能源。要求全市范围内 10 蒸吨及以下燃煤锅炉不论城乡,2016 年 10 月底前一律实施关停或改用天然气等清洁能源。二是大力推进城市集中供热工程建设。投资供热电厂配套供热管网建设及老城区集中供热管网改造工程,提高集中供热普及率和供热主管网覆盖率。三是加强散煤管理。对市区型煤加工企业开展综合整治,严格按要求定量添加固硫剂。同时,限制销售和使用灰分≥16%、硫分≥1%的散煤,禁止高灰分、高硫分的劣质煤炭进入生产、流通领域市场。

(三)强化"控尘"措施

一是全面加强施工扬尘监管治理。市住建部门对各类施工扬尘源(建筑工地、拆迁工地、市政工地等)实行"一票停工制",严格落实施工工地周边围挡、物料堆放覆盖、出入车辆冲洗、施工现场地面硬化、拆迁工地湿法作业、渣土车辆密闭运输 6 个 100%抑尘法。二是全面加强城区道路扬尘防治。市城管部门坚持每天对城区主要路段实施机械化机扫、洒水作业,确保主要道路机械化清扫和洒水率保持在 80%以上;在市区设立 2 个渣土运输车辆检查点,实施不间断巡查。三是强化市外道路扬尘防治。市交通、公路等部门每天对国道、省道开展清扫保洁不少于 2 次,同时,联合公安部门开展市外道路扬尘整治,在全市各干线公路重点路段安排 12 个联合执法点,定期或不定期开展运输车辆联合执法监管。

(四)强化"控油"措施

一是实施工业企业挥发性有机物防治。2016 年完成炼化和化工、涂装、合成革、橡胶和塑料制品业、印刷和包装、纺织印染、木业、制鞋、化纤、生活服务业、铝压延 11 个行业整治任务的 60% 目标。二是加大餐饮行业油烟治理力度。巩固全市餐饮门店清洁能源改造和餐饮油烟治理成效，加强监管，严防反弹。三是全面禁止露天烧烤。巩固全市露天烧烤清理整顿成效，加强监管，严防反弹。市城管部门定期或不定期组织暗访检查，发现露天烧烤的一律予以清理，并通报当地政府实施财政扣款。四是严格油品质量监管。严厉打击销售不合格油品行为。

（五）强化"控车"措施

一是全面开展黄标车、冒黑烟车限行。市公安、环保等部门联合划定城市黄标车限行、禁行区域，加大处罚无环保标志和尾气严重不达标的冒黑烟车辆上路行驶行为。二是严格机动车环保检验合格标志管理。市环保部门严格按照《机动车环保合格标志管理规定》联网核发机动车环保合格标志。三是大力淘汰黄标车。采取定车定人，分片包干的措施，确保全市黄标车淘汰工作圆满完成。

（六）强化督查追责措施

2016 年以来，市政府主要领导和分管领导多次带队检查"冬防"措施落实情况。市政府还组建 11 个督查组，一个县（市）区一个督导组，每周对各县（市）区、市直部门工作落实情况进行督导检查。在开展督导检查的同时，焦作市进一步强化考核奖惩工作。一是实施工作任务扣罚，对完不成任务的，扣缴当地财政 1 万～10 万元，对现场监管公职人员一律停职；存在问题的企业，纳入不良记录、暂扣有关经营许可证，并依法实施处罚。二是计划实施空气质量奖惩措施。市政府研究制定了《焦作市环境空气质量考核奖惩暂行办法》，每月对各县（市）区空气质量进行考核打分，对排名第一位的县（市）区给予 30 万元的财政奖励，排名最后一位的县（市）区给予 30 万元的财政扣款。

采取上述措施后，2016 年上半年，焦作市颗粒物浓度同比上升趋势得到遏制，三个考核站点的 PM_{10}、$PM_{2.5}$ 平均浓度均有所下降，尤其是 2016 年麦收期间，全市 PM_{10}、$PM_{2.5}$ 浓度同比明显下降。其中，PM_{10} 平均浓度为 106 $\mu g/m^3$，同比下降 48 $\mu g/m^3$（降低 28.4%）；$PM_{2.5}$ 平均浓度为 51 $\mu g/m^3$，同比下降 26 $\mu g/m^3$（降低 33.8%）。

四、工作难点及下一步工作思路

最主要的困难还是完成年度考核目标的压力十分巨大。省定 2016 年度环境空气质量改善目标与焦作市实际不符，PM$_{10}$ 和 PM$_{2.5}$ 浓度目标值分别为 104 μg/m^3、72 μg/m^3，与豫北地区同类城市相比明显偏严。在焦作市目前的经济和产业结构下，是一项不可能完成的任务。

下一步，要以壮士断腕、刮骨疗伤的决心，以踏石留印、抓铁有痕的精神，全面整改焦作市环境污染防治方面存在的突出问题，坚决打赢大气污染治理攻坚战，确保焦作市大气环境质量尽快好转。在继续做好"控污""控煤""控尘""控油""控车"五项大气污染防治措施的基础上，着力抓好以下几项工作。

（一）落实《环境保护法》《大气污染防治法》等法律法规，坚决对环境违法行为实施"零容忍"

建立并落实乡镇责任制和责任追究制，严厉打击"十五小""新五小"环境违法行为；与法院、检察院和公安部门做好"两法"衔接；有针对性地组织开展专项执法检查，按照"全覆盖、零容忍、明责任、严执法、重实效"的目标要求，坚持"源头严防、过程严管、后果严惩"的原则，严肃查处各类环境违法行为，强力实施"重罚一批、曝光一批、约谈一批、挂牌一批、关停一批、移交一批"，确保环境安全。

（二）持续加大环保资金投入

继续把大气环境治理列入民生工程，一方面用好国家、省支持大气污染防治专项资金；另一方面加大市财政环保资金投入额度，对环境治理工作予以大力支持。扩大企业自动监控设备安装范围，完善市、县环保监控平台；加快建筑工地施工扬尘污染视频监控管理平台建设，实现远程监控，对违法排污行为做到及时发现、快速出击、随时查处、严管重罚，持续巩固提高环境整治效果。

（三）持续完善长效机制

一是完善落实党政同责、一岗双责机制，使各级党委、政府更加重视环保工作；二是完善落实部门协作联防联控机制，全面推进污染整治，努力形成环保大格局；三是进一步完善压力传导机制，严格考核问责。严格县（市）区环境质量管理，加强环境监测站点运营管理，对环境质量状况定期排名、公布，严格落实生态补偿制度；四是进一步完善预警应急机制，积极主动开展大气环境质量预测研究工作，加强环境监测基础能力，做到科学预警、及时启动、有序应急，有效保障环境安全；五是进一步完善舆论监督机制，充分利用电视、广播、网络、报纸等多种新闻媒体，深入宣传新《环境保护法》《大气污染防治法》，提高民众法律监督能力。发挥舆论监督的作用，对严重污染大气环境的典型案件公开曝光，形成严惩环境违法的社会道德法庭和高压态势。

开展城市河流综合整治
全面提升城市水环境质量

河南省许昌市环境保护局　李　磊

摘　要：许昌市委、市政府高度重视水污染防治工作，但由于境内天然径流匮乏，不足全省人均占有量的一半和全国人均占有量的 1/10，加之水利基础设施薄弱，环境容量有限，虽然开展了几轮河流水系的污染治理，但都没有在根本上解决问题，这也大大制约了经济社会的可持续发展。从 2012 年开始，新一轮的水环境综合整治工作全面展开，市委、市政府围绕消除黑臭水体、实现河流清洁的目标，以国家水生态文明试点城市建设为抓手，立足内源整治和综合治理，着力形成良好的水生态系统，目前已经取得了预期效果。

关键词：水环境　城市河流　综合整治

许昌市位于河南省中部，是中原城市群核心城市之一，先后取得国家卫生城市、国家园林城市、国家旅游城市、国家森林城市、全国文明城市称号，2013 年列入国家首批水生态文明城市建设试点。现辖 6 个县（市、区）和 3 个派出机构，含 1 个副厅级的城乡一体化示范区、1 个国家级的经济技术开发区，102 个乡（镇、办），总面积 4 996 km²，2015 年年底总人口 489.61 万，国内生产总值 2 170.6 亿元。

一、河流整治效果

许昌市境内共 8 条河流，分属于 4 条河流水域，其中北汝河为我市饮用水水源地，长期以来落实了严格的保护措施，稳定保持在Ⅲ类水体；双泊河为过境河流，许昌市境内流域面积不大，基本保持在Ⅴ类水体以上；颍河流域天然径流保持较好，工业布局安排合理，保持在Ⅳ类水体以上；清潩河流域由于天然径流匮乏，且流域内汇集了全市 2/3 以上的工业与人口，水质状况一直较差，曾被戏称为"酱油河"，8 条河流中 2 条劣Ⅴ类水体均位于清潩河流域，清潩河的综合治理和生态恢复成为历届许昌市委、市政府的重点任务。2011 年 12 月，市人大通过决议，要求"治理清潩河，五年水变清"，清潩河综合整治工作由此拉开序幕。随着 2013 年我市全国水生态文明试点市建设、中心城区水系连通、50 万亩高效节水灌溉等三大水利项目启动实施，市委、市政府推进落实《许昌市清潩河流域水环境综合整治行动计划》，一个"五湖四海畔三川，两环一水润莲城"的水系新格局已经在许昌初步成型。具体来说就是新开挖建设具有一定容量的五个湖泊，在主要河流出入城区处建设四处生态林海，清潩河、清泥河、运粮河、护城河、学院河、饮马河相互连通，形成一个完整的城市生态水系。市区河湖水系供水实行多水源优化配置，颍汝地表水源与城市中水相结合为主水源，其他引水为辅助水源，最大限度地满足用水需求。

随着《许昌市清潩河流域水环境综合整治行动计划》的顺利推进实施，清潩河流域出境水质逐年改善。清潩河 2013 年水质达标率 16.67%，2014 年跃升到 33.33%，2015 年又达到 66.67%，三年每年翻一番。水体主要污染物化学需氧量和氨氮平均排放浓度 2015 年分别为 34.4 mg/L 和 0.88 mg/L，与 2013 年相比分别下降 28.8% 和 65.9%，河道水体初步恢复到地表景观水质标准，按期实现计划目标。2015 年 9 月水系连通工程投运以来，清潩河、清泥河 2 条劣Ⅴ类水体已经达到Ⅴ类水质目标，城市辖区基本消除劣Ⅴ类水体。2016 年前 6 个月，包括清潩河在内的三个省控出境断面水质达标率为 100%，全省排名第一。

二、我们的主要做法

（一）坚持高位推动

市委、市政府把水利水污染防治项目建设作为打基础、利长远，破瓶颈、强支撑争创新优势、造福人民群众的战略工程来实施。主要领导高度关注、倾力支持，并成立了市委书记任政委、市长任指挥长，由 5 位常委、四大班子领导参与的高规格项目建设指挥部。市委常委会议、市政府常务会议多次对项目规划设计、投资融资、建设管理等事项进行专题研究；市人大、市政协组织专题调研、视察，形成决议、意见、调研报告，建言献策；建立市级领导联系项目制度，市级分包领导亲临一线，现场办公，协调解决问题，有力推动了项目进展；定期召开指挥部联席会议、指挥长办公会议和指挥部办公室周例会。市委主管领导连续主持召开 92 期周例会，有效破解建设难题；实行月通报制度、周排名制度和奖惩制度，印发月通报 37 期、周排名 73 期、督查通报 50 期；建立落实了奖惩机制，出台了奖励办法，落实奖励资金 700 余万元，极大地调动了项目责任单位的积极性、主动性；层层传导压力，有力调动项目责任单位积极性、主动性；积极开展督查专员专项督查、行业部门督查、市委市政府"两办"督查、市纪委监察局督查和新闻媒体督查，形成了多层次、全方位的五级督查网络，督查人员深入一线，掌握实情；坚持问题导向，提出对策建议；跟踪督办，倒逼加压，有力推动了项目进展。

（二）突出规划引领

坚持一张蓝图绘到底，实行规划联审联批制度，确保了单体项目规划与总体规划的衔接。聘请国内一流的同济大学规划团队编制水生态文明城市建设试点方案，委托中国环境科学院编制《清潩河流域水环境综合整治行动计划》，并以总体规划为引领，高水平编制单体项目规划，确保了单体项目规划与总体规划的衔接。在河道综合整治过程中全面贯彻生态理念，通过生态护坡、人工湿地等生态修复技术，建设透水性自然河道，实现生态修复、水质净化、空气调节、涵养地下水等社会效益。同时，有机融入城市文化元素，努力展现河道的自然属性、社会属性和人文属性。多次邀请资深专家对水利工程（包括河、湖、桥、闸）和景观工程（包括苗木、驳岸、平台、园路、雕塑）进行论证，并结合实际进行完善提升，既突出生态自然之美，又彰显许昌丰厚历史文化底蕴，同时还能满足人们休闲、观赏和娱乐之需。最终，清泥河定位为着力塑造三国水上特色景观，建设具有浓厚历史风情的沿河风光带；清潩河定位为融合市民休闲、科普教育、水生态修复、产业特色的城市生活舞台；学院河饮马河定位为打造"与城市共呼吸"的生态之河、休闲之河、文化之河、活力之河；护城河定位为见证城市进步、彰显历史兴衰、体现汉魏故都风貌的古城遗韵；运粮河定位为再现漕运文化、彰显三国魏都风情的历史文化长廊。通过水生态文明城市建设，真正把许昌建设成为一个有历史记忆、有文化传承的宜居、宜游之城。

（三）强化资金保障

按照"政府主导、企业主体、市场运作、社会参与"的原则，积极争取中央、省级财政资金，整合部门各类建设资金，集中打捆使用，提高资金使用效益；充分利用"许昌市水生态投资开发有限公司"投融资平台，加强与金融机构的沟通协调，想方设法拓宽融资渠道，先后融资 30.3 亿元，用于市区三条主要河道综合治理工程拆迁清表补偿和工程建设，有效解决了项目建设资金瓶颈问题；市民营企业也心系水利重点项目建设，建言献策，鼎力支持，纷纷慷慨解囊，捐资 4 080万元，助力水利重点项目建设；市政府授权市水务局与市水生态公司签订《许昌市区三条主要河道综合治理工程 PPP 项目框架协议》，实现重点项目融资模式重大突破。PPP 项目合作协议生效后，市区三条主要河道综合治理工程建设投资回收期限将由 6 年延长至 15 年，年度债务负担大大减轻，相应增强了各县（区）政府（管委会）的支付能力；投资回报率由 15% 降至 10% 以内，最大限度地减轻了利息负担。目前，市投资总公司已委托 PPP 项目中介机构，进行财政承受能力论证、物有所值评价，编制实施方案，按期完成项目 PPP 模式转换。

（四）推进项目建设

以水生态文明试点市建设依托，市委、市政府谋划实施了 9 个大类 55 项示范工程，已完工项目 48 个，正在建设项目 7 个，累计完成投资 77.4 亿元，占工程总投资 81 亿元的 96%。《清潩河流域水环境综合整治行动计划》规划项目 58 个，总投资约 10 亿元，已建成投运 50 个，8 个暂不实施。以项目为依托，确保环境质量改善：一是污水处理厂建设任务全面落实。按照《清潩河流域水环境综合整治行动计划》规划，我市先后新建和扩建了东城区邓庄污水处理厂等 11 家污水处理厂，对长葛市污水处理厂、魏都区宏源污水处理厂进行了提标改造，城镇污水日处理能力从 41 万 t 增长到 71 万 t，污水处理率保持在 90% 以上，基本实现了污水应收尽收；二是强力推进排污口截流。通过实施《城市河流清洁行动计划》，对清潩河、清泥河、汶河等城市内河沿线的排污口实施全线截流。通过实施路网改造、雨污分流、管网建设、排污口截流等工程，累计截流排污口 600 余个，新建雨污管网 70 余公里，有效分流处置污水每天 2 万余吨，预防黑臭水体产生；三是提升污水治理深度工艺。在清潩河流域沿线的县（市、区）城镇污水处理厂入河处配建人工湿地，采取砾石床、生物膜、植物吸附等多种处理方式进一步净化入河水质，将入河水体主要指标提高到地表水 V 类以上水质标准，并通过湿地的运行逐渐形成新的生态循环体系；在许昌瑞贝卡污水净化公司实施投菌工程，采取投加生物菌种改善污水处理厂生物处理活性，提升处理效果的方式，有效提高污水处理厂生化处理效果。

（五）调整产业结构

一是淘汰调整重污染行业产能。根据我市工业特点，重点淘汰经济贡献不高但污染负荷大的造纸、制革企业，市工信局、魏都区政府先后淘汰了宏伟、宏腾、宇旭等造纸企业 61 条生产线，压缩造纸产能 22 万 t，每年减少排入河道化学需氧量 722 t、氨氮 14.5 t。特别是 2015 年 9 月水系连通工程通水以来，为了保证清潩河水质安全，宏腾纸业公司主动关停所有造纸生产线，日减少废水排放 5 000 t，为城区水质改善做出了极大的贡献。长葛白寨制革园区积极引导制革企业转变生产结构，实施转型发展，园区 80 余家企业中已有 60 余家不再从事制革生产，其余将毛皮鞣制改为蓝湿皮生产工艺，铬鞣剂使用量得到了极大削减，重金属基本实现零排放；二是重点推动产业集聚。新上工业企业原则上全部入驻产业集聚区或工业园区，特殊行业企业推行"退城入园"。对我市特色的发制品生产行业，市委、市政府规划了经济技术开发区、魏都区、许昌县和禹州市 4 个发制品专业园区，园区之外的发制品企业限期搬迁入园，实现废水的集中处理、有序排放；三是积极推进清洁生产。全市深入推进重点行业清洁生产，鼓励污染物排放达到国家或者地方排放标准的企业自愿组织实施清洁生产审核。对超标超总量排放企业、排放重金属等有毒有害物质的企业、直接排入城市河道的企业，实行强制性清洁生产审核。

（六）构建长效机制

我市率先开展城乡水务管理一体化改革，市级改革已完成，县级正在稳步推进，为水生态文明城市建设提供了体制保障；制定出台了《许昌市水资源管理办法》《关于加强水系连通工程环境保护和管理的意见》《许昌市市区河湖水系供水调度管理办法》和《许昌市水系连通工程水质考核奖惩办法（试行）》等多个规范性文件，为水生态文明城市建设提供了制度保障；市环保、发改、工信、国土、规划等部门联合制定了《许昌市建设项目环境准入禁止、限制区域和项目名录》，全面推进规划环境影响评价和总量预算制度，严格禁止重污染项目建设，切实控制新增污染物排放量，严格环境准入；省环保厅、省质量技术监督局制定发布了《清潩河流域水污染物排放标准》，在清潩河流域执行严于国家标准的地方标准，2014 年 7 月 1 日全面执行落实，不能达标排放的排水企业全部停产治理，保证入河水质；将人工湿地等深度处理工程纳入污水处理厂日常运行管理，提高污水处理厂直接入河水质标准；严格控制地下水开采，制定实施《许昌市关闭城市规划区自备井工作实施方案》，2015 年年底前完成第一批 176 眼关井任务；建立实施许昌市企业环境行为信用评价制度，连续两年已组织 385 家企业参评，督促企业履行环保责任。

（七）严格环境监管

结合新《环境保护法》的实施强力开展环境执法大检查。专项执法期间，全市共组织现场检查 5 800 余人次，检查企业 1 875 家，查处纠正各类环境违法违规行为 314 余起，责令停止建设企业 30 家，责令停产企业 39 家，责令限期改正 26 家，关停取缔 171 家。强化水质监测和生态补偿。市委、市政府在持续开展河流地表水生态监测补偿的基础上，对城区河湖水系水质同步实施监测奖惩措施，提高补偿标准，加密监测频次，缩短奖惩期限，推进环境质量持续好转。

（八）营造宣传氛围

市人大每年结合"许昌环保世纪行"活动，组织人大代表和新闻媒体对清潩河流域水环境综合整治重点工程进行的视察督导活动，对综合整治工作起到了有力促进作用。《许昌日报》《许昌晨报》定期报道清潩河流域水环境综合整治重点工程进度情况，市电视台新闻频道、专题频道等栏目及时开展新闻报道，河南电视台都市频道做了题为"许昌：一个城市的涅槃重生"的专题报道，大力宣传清潩河流域水环境综合整治，形成了浓厚舆论宣传氛围。2015 年 10 月 12 日《人民日报》头版发表了题为《许昌：道道河闸开　盈盈清水来》的专题报道，并以《许昌治水记》为题详细报道了许昌市的"解水之痛、脱水之困、兴水之梦"。

虽然我市河流综合整治工作大见成效，但与省政府要求和群众的期盼还存在一定差距，在下一步的工作中，我们将充分把握国务院《水污染防治行动计划》和省政府《河南省碧水工程行动计划》推行契机，强化工程建设管理运行，科学谋划全市各条河流及周边区域水污染防治和生态修复，积极研究引进国内外先进技术，持续做好河湖水体管护，以点带面，积极推进，逐步实现城区河道的生态恢复，保护和提升河湖水系景观效果。全面提升环境质量的同时彰显历史文化底蕴，满足群众休闲、观赏和娱乐之需。充分利用广播、电视、报纸、网站等媒介，大力开展水生态文明宣传教育，动员全市各行各业采取有效手段节约水资源、爱护水环境，积极倡导绿色生产生活方式，在全社会树立"尊水、爱水、惜水、护水"的鲜明导向，全面展现"河畅、湖清、水净、岸绿、景美"的许昌新景象。

突出重点　精准治理　综合施策
全力推动小东江流域环境综合整治

广东省茂名市环境保护局　叶广勇　吴　坤

摘　要：茂名市由于自身特点，环境压力巨大，为改善环境质量，减少污染物排放，自 2014 年以来，茂名市实施了一系列的举措来进行小东江流域的环境综合整治。通过加强领导、突出重点、统筹协调等一系列措施，取得了良好的效果。在这些措施的实施中也遇到了一些困难，通过加大治理投资与强化针对性的污染治理措施后，破解了难题，改善了环境质量。

关键词：环境　整治　统筹协调

一、茂名小东江基本情况

茂名市位于广东省西南部，西北与广西接壤，西接湛江，东与阳江交界，南临南海，陆地面积 11 425 km²。茂名市因油而生、因油而兴，有"南方油城"之称，是华南地区最大的炼化一体化基地。市内主要河流有鉴江、袂花江、小东江等。鉴江是广东省第三大水系，小东江是鉴江的二级支流，贯穿茂名市区，流经茂名市、湛江市，全长 67 km（其中茂名段 61 km），流域面积 1 142 km²（其中茂名市 990 km²），是茂名人民的母亲河。

由于 20 世纪六七十年代茂名石油化工产业的发展，小东江河面铺满浮油，曾被称为"火水河"。据监测，70 年代初小东江水质主要污染物挥发酚为 0.561 mg/L，石油类为 67.71 mg/L，分别超Ⅲ类水质 112.2 倍、1 233.2 倍。经过近 30 年艰苦治理，小东江的水质逐年好转，主要污染物挥发酚为 0.001 mg/L，下降 560 多倍；

石油类 0.02 mg/L，下降 3 300 多倍。但近年由于沿岸城镇化和养殖业快速发展，小东江水质的污染已由过去以挥发酚、石油类为主的石油化工污染型转变为目前以氨氮和化学需氧量为主的工业、生活和农业面源综合污染。

二、小东江综合整治及成效

自 2014 年 7 月小东江纳入广东省人大常委会"四河"整治决议以来，茂名市高度重视环保工作，全面落实"五位一体"战略总布局，把生态文明建设放在首要位置，以前所未有的力度推进小东江的综合整治工作。2015 年水质年平均值达到 IV 类功能区类别，主要污染指标氨氮浓度下降 26.1%，综合污染指数均值下降 12.3%，在广东省"六河"污染整治中唯一实现 2015 年度整治水质目标。2016 年上半年，氨氮浓度同比下降 48.5%，综合污染指数均值下降 24.1%。

主要开展如下几个方面工作。

（一）加强组织领导，细化落实责任

由市党政"一把手"亲自抓、总负责，市长亲自督查督办，要求整治工作每周一通报，每月一简报。印发了《茂名市小东江污染整治 2015 年度工作实施方案》《茂名市小东江污染整治 2015 年度工作细化目标任务》，明确分解落实任务。市政府与流域各区、县级市以及市直有关单位签订了《小东江流域水质环境综合整治目标责任书》，明确落实流域内各级政府及相关单位的目标要求。

（二）突出重点，精准治理，综合施策

一是重点整治污染工业企业。茂石化公司近五年投入 23 亿元建设污染治理设施，大幅削减污染物排放。关闭取缔流域内小皮革厂 69 家，小油厂、小化工企业 116 家，促使皮革和化工企业入园集中生产和治污。二是加强农业污染源整治。狠抓养殖业污染减排和治理，关闭流域内非规模化养殖场 369 家、规模化养殖场 16 家，限期整治规模化养殖场 143 家，对流域内 4 个最大规模养殖场强制安装在线监控设备。三是大力推进污水处理设施和垃圾无害化处理工程建设。投入资金约 3 亿元，建成河西生活污水处理厂、高州金山开发区污水处理厂、茂南区污水

处理厂，新增污水处理能力 8.5 万 t/d。茂名市生活垃圾焚烧发电厂、化州市生活垃圾无害化处理场、茂名滨海新区（电白）生活垃圾无害化处理场建成投用；流域内各镇已完成城镇垃圾收集转运站和乡村垃圾收运系统建设。四是加强流域生态修复。完成河道整治 23.5 km，建成鉴江水资源调节工程和露天矿生态引水工程，增加小东江径流，提高小东江自净能力。投入 1 800 万元用于彭村湖生态恢复首期人工湿地；通过对小东江官渡桥至高山桥河段综合整治，整治市区段入河排污口，建设小东江"亲水平台"。五是强化环境执法监管。严厉打击违法建设、超标排污、非法处置危险废物等环境违法行为。2015 年至今，共查处违法排污企业 55 家，罚款 204.25 万元。六是建成小东江污染源电子地图，提升环境监管信息化水平和综合管理与分析的决策能力。

（三）统筹协调，全面推进小东江环境综合整治

为推进小东江流域环境综合整治这项系统工程，茂名市环保局主动转变方式，全面统筹、充分调动政府与社会、部门与部门、城市与城市之间的积极性、主动性，努力推动我市构建小东江流域水环境保护长效机制。一是全面推行"河长制"。印发了"河长制"实施方案和考核评分办法，实施评估考核；在小东江流域增设 15 个"河长制"考核监测断面，每月监测水质变化并公布监测结果。二是加强联动，统筹资源。环境保护部门与住建、水务、畜牧、林业等部门整合资源，形成合力，加强督查督办。三是加强湛茂小东江流域水资源的保护协作。与湛江市签订了《湛茂跨界流域水污染联防联治合作框架协议》和《茂湛突发环境污染应急预案》，强化两地联动合作，定期组织联合执法，对交界断面同时采样监测，建立数据共享机制。四是加大环境宣传教育，提高民众环保意识。组织开展环保知识进校园系列活动，组织环保志愿者开展环保知识进企业、进校园、进社区、进农村系列活动，提高企业和市民环保意识，共同保护小东江。

三、小东江水环境整治难点

（一）资金投入压力大

茂名市是粤西欠发达地区，地方财政比较紧张，环境综合整治资金投入压力巨大。根据省整治方案，小东江流域水污染治理投入约需 45 亿元，2015 年省下拨扶持资金 4 500 万元，2016 年省下拨整治资金 4 000 万元，整治资金存在较大的缺口。同时由于许多项目缺乏前期工作经费，导致项目前期工作无法开展，严重影响重点项目的推进。

（二）污水处理设施及管网建设难度大

污水处理厂建设是流域治理的重点，但由于污水处理厂建设资金需求量大，存在选址难、土地调规时间长、征地工农关系复杂等原因，导致部分镇级污水处理厂前期工作时间过长，影响建设进度。茂名监狱污水厂土地规划调整难度较大，中心镇污水处理设施建设推进过程中，邻避效应突出，普遍受阻无法推进。

（三）养殖业污染整治难度大

茂名市是广东省最大的生猪养殖地市，为省菜篮子做出了巨大贡献，据统计，小东江流域生猪年出栏量约 93 万头，其中，规模化养殖场共有 682 家，出栏量 62 万头，非规模化养殖量约 31 万头。流域内农业人口众多，养殖业根深蒂固，虽然通过综合整治推进了养殖污染治理，但是由于流域散养户众多，关停拆除经费补助不足，短时间关闭或禁养难度很大。另外，2016 年猪价整体走势良好，流域养殖量大幅反弹，整治任务更加复杂艰巨。

（四）流域生态公益林建设推进困难

小东江白沙河、三丫江、南山河等支流源头基本没有水源涵养林，小东江流域生态公益林比例严重偏低，广东省要求小东江流域生态公益林占林地面积要达到 40%以上，但小东江流域集雨区内的大部分林地都种植龙眼、荔枝等水果，基本上属于经济林，难以区划为生态公益林。生态公益林补偿标准偏低，群众积极性不高，生态公益林建设推进困难。

四、整治难点破解途径

（一）加大整治资金投入

加强统筹协调，整合环保、农业、住建、水务、国土、林业等部门资源，进一步明确责任和分工，形成工作合力，确保整治各项工作任务落实完成。加强统筹协调，科学谋划综合整治工程项目资金安排，努力争取农村环境综合整治、生活垃圾和生活污水处理设施建设、水利河道整治、农村生态文明村建设、生态公益林建设等专项资金用于小东江水环境综合整治工作。

（二）强力推进生态修复工程建设

推进露天矿生态修复工程建设，通过"引水、修路、植树、建馆"，全面改善露天矿生态和矿坑水质，将鉴江、矿坑湖、小东江水系连成一体，全面提升水系生态协调与自净能力。推进建设彭村湖生态恢复工程，积极谋划推进彭村湖生态湿地公园。推进白沙河、三丫江、黄竹河与小东江市区河段生态整治工程和"亲水平台"建设等工程，按照"一河（湖）一策"整治计划，开展城市黑臭水体整治。通过人工造林、补植套种、森林抚育等手段，营造以水源涵养林、水土保持林为主的乡土阔叶林。

（三）推进养殖污染整治和农村环境综合整治

继续推进禁养区养殖场清理，防止已关停养殖场恢复生产。一是严格限制流域限养区畜禽养殖规模。严格限制审批新建和扩建畜禽养殖建设项目，实行养殖"等量或减量替代"，确保畜禽养殖规模总量不增加。二是继续推进养殖场清理整治任务，对禁养区内养殖场责令限期搬迁或关闭，对禁养区外养殖场加强治理。三是抓好农村环境连片综合整治项目建设，因地制宜推动建设人工湿地、人工快渗、氧化塘等村级污水处理设施建设，有效提高农村生活污水处理率。四是深入实施"城乡清洁工程",加强环卫设施运营管理,进一步完善生活垃圾"村收集、镇转运、县处理"管理模式,推动农村生活垃圾分类减量,完善农村保洁工作制度。

(四)进一步强化工业治理和执法监管

加快推进皮革和石油化工企业入园和产业转型升级,集中生产、集中治污。加大环境执法力度,深入开展环保执法专项行动,严厉查处环境违法行为,强化环保执法后督察工作,防止已关闭的污染企业"死灰复燃"。加强小东江流域重点监控企业的监管,完善在线监控并保证正常运行。

(五)加强环境保护科普教育

各级环保、广电、新闻出版、教育等部门,充分利用各种形式加强环保教育,宣传环境污染的危害,组织开展系列环保志愿服务活动,引导民众认识到小东江水环境污染与自身的生产生活息息相关,增强危机感、紧迫感,营造百姓认识环保、重视环保、支持环保的社会氛围。

浅谈梁平县水污染综合防治对策

重庆市梁平县环境保护局　周祥芬

摘　要：随着经济社会不断发展，环境问题日益突出，已成为人们关注的焦点，水污染问题是梁平县环境保护最突出问题。本文通过对梁平县水环境现状分析，提出了水污染综合防治对策及建议，进一步推动水环境质量改善。

关键词：梁平县　水污染　防治　对策

一、梁平水环境概况

梁平县位于四川盆地东部平行峡谷区，界于东经 107°24′～108°05′、北纬 30°25′～30°53′，位于重庆市境北部，总面积 1 890 km²。河流水系梁平县处于长江干流与嘉陵江支流渠河的分水岭上，地势高于四周，为邻县溪河发源地，县内有高滩河、波漩河、新盛河、普里河、汝溪河、黄金河、回龙河 7 条主要河流，干流总长 185.8 km，61 条支流总长 855.3 km，均属长江水系。河流属山溪性质，流量变化大，在汛期流量较大，在冬季或久晴不雨时流量较小，甚至断流。梁平没有过境河流，几条主要河流地区，人口密度大，水环境容量小，水生态环境极其脆弱。

二、近年综合整治情况

近年来，梁平县委、县政府对工业水污染、生活污染、畜禽污染及农村面源污染进行了系列综合整治，全县水环境质量得到了明显改善。

（一）工业污染整治

2011 年淘汰关闭重庆市连声纸业有限公司等 15 家废纸造纸企业；2011—2012 年停产整治渝丰纸业，全面升级改造废水处理设施；2013 年拆除恒丰纸业全部化学制浆生产线；2013 年拆除开元化工所有生产设备、厂房；2014—2015 年实施环保"四清四治"及环境保护大检查专项行动，重点整治工业企业 78 家；2015 年建成投运工业园区污水处理厂。

（二）生活污染整治

2008 年建成投运 2 万 t/d 的梁平县城污水处理厂和 180 t/d 的垃圾卫生填埋场；2011—2015 年分批实施乡镇污水处理厂建设，实现全县建制镇生活污水处理全覆盖，并积极推进三方运维；启动县城污水处理厂 1.5 万 t/d 扩建工程；引进德兆城市生活垃圾处置项目，建成投运屏锦、蟠龙、明达、云龙片区生活垃圾收运系统。

（三）农村面源污染整治

2011—2014 年整治规模畜禽养殖场 276 家，关闭规模畜禽养殖场 66 家；2015 年重新修订畜禽养殖区域划分管理规定，将未达到水域功能的河流水域及离岸 200 m 以内的陆域调整为禁养区，2015 年关闭搬迁养殖场 179 家。全面推进农村环境连片整治，2013—2014 年完成 11 个村庄连片整治项目，2015 年完成 45 个村庄连片整治项目。

三、存在的问题

由于历史欠账太多，工业化、城镇化和农业现代化的快速推进，水环境质量仍不容乐观，依然面临严峻的形势。

（一）发展与保护不同步

一是重发展、轻环保思想依然存在，干群发展意识浓厚，环保法律性意识较淡薄。二是未形成齐抓共管的工作局面，党政之间、分管领导之间、部门之间、部门与乡镇之间不协调、不统一的现象时有发生。三是依照环境质量改善目标的需要，环保项目建设和运行资金缺口较大。

（二）污染形势依然严峻

一是规模养殖迅速崛起，畜禽养殖场建设无序，点多面宽，污染防治设施不完善。二是城镇化促使乡村生活聚集区越来越多，生活污水集中产生量迅速增大，已建乡镇污水处理厂的二、三级管网不完善，污水收集率低，存在雨污合流现象。三是企业缺乏环保管理专业技术人员，水污染防治工作混乱，作坊式小型企业点多面广，污染防治设施简陋，偷排漏排现象时有发生。四是农村生活垃圾正日益"城市化"，垃圾污染日趋严重。

（三）环保监督有待加强

一是环境保护机构建设与经济社会发展不相匹配，企业环境污染治理成本高，与执法部门玩"猫捉老鼠"，躲避执法，监管难度大。二是镇乡（街道）环保办不是独立的编制部门，工作人员多为兼职人员且非环保专业人才，流动性较大，监管能力提升缓慢，乡镇（街道）环保职能没有得到发挥。三是公众参与不够，环保问题"事不关己高高挂起"等"邻避"意识依然未转变。

四、防治对策与建议

梁平县作为渝东北生态涵养发展区，要坚持"面上保护、点上开发"，加大投入、上下联动、齐抓共管，以铁腕手段和科学方法治理水污染。

（一）强化宣教，构建环境保护全民行动体系

一是在县新闻中心、广播电视台设立宣传专栏。二是将生态法治教育纳入各级干部教育培训计划和教育工作体系，举办生态涵养专题培训班，推进生态文明知识进社区、进家庭、进学校。三是邀请和接受人大代表、政协委员视察调研水环境污染整治工作，聘请"环保义务监督员"，推动公众广泛参与，形成合力。四是强化环境信息公开，加大环境违法行为曝光力度。

（二）规划先行，统领全县水污染防治工作

科学编制《梁平县"十三五"水污染防治行动实施方案》，明确每年度目标任务，有序推进全县水污染防治工作。编制《新盛河流域水质达标实施方案》《黄金河流域水质达标实施方案》和《喜雀河黑臭水体整治方案》，加快实施水污染综合整治，改善水环境质量。

（三）健全机制，加大环保资金投入

建立财政、企业、环保公益募捐等多元化的环保投入格局，完善政府、企业、社会多元化环保投资机制，严格执行《梁平县生态环境保护基金筹集使用管理暂行办法》，每年通过从县级公共财政预算收入、土地出让金、城市建设配套费、上级生态转移支付资金等途径筹集不少于 5 000 万元的生态环境保护基金专项资金，专门用于生态环境整治。各乡镇（街道）每年筹集 20 万元以上生态环保基金，主要用于场镇、村社及河道垃圾清运整治、农村面源污染防治等支出。

（四）点面齐进，全方位实施水污染综合防治

一是实施生活污染整治。加强城市污水管网清查，完善县城老城区一、二、三级污水管网建设；乡镇污水处理设施全部移交第三方运维单位重庆环保投资有限公司运行；完善乡镇污水处理厂二、三级管网建设，污水收集处理率达 70%以上；开工县城污水处理厂 1.5 万 t/d 扩建工程；建成投运西山片区及德兆小康环保（梁平）垃圾处理项目。二是实施农村环境整治。严格畜禽养殖审批，原则上"只减不增"；关闭重点流域禁养区内畜禽养殖场，强化已整治养殖场执法监管；继续推进农村环境连片整治项目，建立并运行村庄环境项目长效管理机制；开展测土配方施肥，控制化肥、农药、除草剂施用强度，加强农业尾水排放管理，推进礼让、明达水产养殖园区污染整治。三是实施工业污染整治工程。完善工业园区污水收集管网，督促园区企业完善环保设施，巩固环保"四清四治"专项行动成果。四是实施河流综合整治工程。推进重要河段清淤护堤，常态清运次级河流水面漂浮物、垃圾。

（五）创新机制，高压态势打击环境违法

一是加强刑事司法衔接，建立环保、检察院、法院刑事司法衔接机制，巩固完善环保、公安部门衔接机制，发挥环保警务室作用。二是落实执法检查"三不三直"要求，推行检查对象、检查人员"双随机"，加强按日连续处罚、查封扣押、限产停产等手段运用，及时移送涉嫌违法犯罪案件。三是推动乡镇（街道）委托执法上新台阶，督促乡镇（街道）履行《环境行政执法委托协议》赋予的执法权，对水环境质量较差且未实现案件零突破的乡镇负责人进行约谈，并纳入考核范围。

（六）落实责任，保障水污染防治工作有序推进

成立县长任组长的水污染防治行动领导小组；实行河长制，由县长任总河长，有关县领导为县域 7 条河流河长、副河长、河段督导长，乡镇（街道）行政主要负责人为河段长。在县域 7 条主要河流及其支流设立 34 个水质考核断面，每月监测并通报考核断面水质及工作推进情况。每季度召开领导小组会议或河长会议，研究解决工作推进中的突出问题；每季度"一封信"向河段督导长反馈其督导乡镇河流断面水质情况、工作进展情况以及近期督导重点。水污染整治实效纳入年终综合目标考核，每月通报河段长成绩，年中、年底考核排名倒数的 2 个乡镇及 2 个部门在全县推进大会上作检讨性发言，结果运用于领导干部的考核任用。

宝鸡市破解农村环境保护难题的尝试与探索

陕西省宝鸡市环境保护局　张远闻

摘　要： 农村环境保护是生态环境保护的重要内容。本文对宝鸡市以清洁水源、清洁田园、清洁家园、清洁能源为目标，以生态示范创建为载体和抓手，把环境综合整治作为农村环境保护的切入点和突破口，对在破解农村环境问题上的具体做法进行了总结、分析，并对如何进一步做好农村环境保护工作提出了建议。

关键词： 农村环境保护　生态示范创建　环境综合整治

农村环境保护是生态环境保护的重要内容。近年来，宝鸡市高度重视环境保护工作，不断巩固提升"创模"成果，以清洁水源、清洁田园、清洁家园、清洁能源为目标，以生态示范创建为载体和抓手，把环境综合整治作为农村环境保护的切入点和突破口，在农村环境保护工作中做出了一些有益的尝试和探索。

一、宝鸡市概况

宝鸡古称陈仓、雍州，位于陕西省关中西部，是我国西北工业重镇，陕西第二大城市，炎帝故里和周秦文化发祥地，素有"青铜器之乡""民间工艺美术之乡"和"佛骨圣地"的美称。全市辖 9 县 3 区和 1 个国家级高新技术开发区、1 个省级经济技术开发区，总面积 1.8 万 km^2，总人口 373 万。宝鸡是全国文明城市、国家环保模范城市、中国优秀旅游城市、国家森林城市、国家园林城市。2015 年实现地区生产总值 1 788.59 亿元。

二、农村环境综合整治的基本做法

2012 年 3 月，市委、市政府在眉县召开全市农村环境综合整治现场会，提出了用三年时间实现农村环境面貌根本性改观的目标。近年来，我们多举措全方位推进，全覆盖常态化整治，宝鸡农村环境整治的做法得到环境保护部和省委、省政府的充分肯定。截至目前，整治村庄达到 1 078 个，占 63%，眉县、岐山等县区完成行政村整治全覆盖，农村环境面貌得到有效改善，整治工作取得阶段性成效。

（一）党政主导，推进力度不断强化

坚持把农村环境综合整治作为改善农村人居环境的突破口，作为我市环保三大重点工作之一，常抓不懈，持续推进。一是强化组织领导聚力推进。提请市政府成立了由主要领导任组长、分管领导任副组长，市环保、财政、规划、水利、农业、林业、卫生等部门为成员的农村环境综合整治领导小组，组织指导全市农村环境综合整治工作。各县区党委、政府高度重视，把农村环境综合整治作为"一把手"工程，主要领导亲自抓，分管领导具体抓，形成了"党委政府主导、人大政协监督、部门分工负责、群众广泛参与"的推进格局。眉县、岐山、麟游等县成立专门整治机构，抽调人员，集中力量，组织开展整治工作。二是采取现场会方式高效推进。市委、市政府坚持逐县区召开现场推进会，市委书记、市长亲自参加，集体观摩现场、检验成果、讲评示范，形成争先创优的良好氛围。自开展整治工作以来，先后在 10 个县区召开九次现场会。眉县实施"五化"工程，解决了"怎么干"的问题；扶风县探索"五有"机制，解决了"管长效"的问题；凤翔县实行"五美"举措，解决了"再提升"的问题；岐山县制定"十有"标准，彰显了"特色村"整治；陈仓区坚持城乡统筹，探索了城乡结合部整治做法；千阳、陇县突出全域整治，走出了山区县农村环境综合整治新路径；金台、渭滨实施分类施策，提出了区分标准推进、全域整治的思路。各县区也定期召开现场会，宣扬先进，鞭策后进，推动整治工作不断深入开展。三是完善考评机制强力推进。市政府把农村环境综合整治工作纳入目标任务考核，年初总体部署，下达目标任务，年终考评打分。各县区也把整治工作列入党委、政府工作的重要议事日程，

建立了一套行之有效的领导机制、工作机制和考核监督机制。眉县在整治工作全面启动时，将整治工作进展与驻村包抓干部的选拔任用相挂钩，对镇村整治工作"三天一检查、五天一督办、一周一通报"，确保整治工作取得实实在在的效果。

（二）综合整治，农村环境逐步改善

坚持从解决农民最迫切的突出环境问题入手，因地制宜，分类施策。一是突出"五项"整治重点。市政府出台的农村环境综合整治三年行动方案，提出了村容村貌整治、生活垃圾处置、生活污水处理、养殖污染治理、村庄绿化美化五项任务，着力解决当前农村环境污染问题。各县区也结合实际，把农村环境综合整治与新农村建设、产业发展等相结合，在做好"规定动作"的同时，增加"自选动作"，打造符合当地特色的美丽乡村。如有的提出了"净化、绿化、美化、亮化、优化"目标，有的提出了最美乡村建设标准等，进一步提升了村庄整治效果。二是推广"四个"治理模式。在探索整治过程中，我们认真总结和借鉴好的经验做法，加大推广力度，推进整治工作顺利实施。在生活垃圾处置方面，推行"五个一"办法，即每户一个垃圾桶、每组一名保洁员、每组一个垃圾收集车、每村一个垃圾保洁站、每站一个垃圾清运车，形成了村庄生活垃圾收集清运体系；在生活污水方面，探索建立了"统一收集、沉淀厌氧、人工湿地、多级净化"的处理模式，解决村庄污水集中排放和处理；在养殖污染方面，探索建立了"小区集中饲养、人畜完全分离、污染集中处理、资源循环利用"的治理模式，较好地解决了农村分散养殖污染问题；在村容村貌整治方面，探索建立了"净化先行、绿化点缀、靓化提升、文化增色"的整治模式，鼓励村庄清理"三堆"，治理"三乱"，解决村庄脏乱差的问题。三是打造"三线"生态景观。为了集中解决公路铁路交通沿线环境问题，展现宝鸡对外形象，2015 年市委、市政府启动了西宝客专、连霍高速及宝平高速宝鸡段沿线环境综合整治，集中开展沿线清理"三堆"、拆除违章建筑、墙体建筑粉饰、植树绿化贯通等活动。拆除违章建筑 3 000 多处，清理柴堆、垃圾堆 2 000 多个，平整土地 14 多万 m²，粉饰房屋 30 多万 m²，造林 19 万亩、植树 1 800 株，沿线环境面貌焕然一新。

（三）整市推进，整治范围全面覆盖

坚持整市推进农村环境整治，拉网式全覆盖治理，全面改善农村人居环境。一是实现县区整治全覆盖。紧紧抓住中省农村环境连片整治示范项目涵盖我市 9 个县区的契机，我们同步启动其余 3 个县区的整治工作，实施连片整治全覆盖。二是实行城镇垃圾清运全覆盖。加快推进垃圾处置城乡一体化，2015 年我市财政投入 800 多万元，购置了 94 辆小型牵引式垃圾车和 394 个垃圾箱体，为每个镇政府配置运输车体，周边村庄布设垃圾箱体，初步建立了"以镇政府所在地为中心，辐射周边行政村，涵盖村民小组"的清运处置模式，实现了全市镇级垃圾清运全覆盖。三是实施村庄整治全覆盖。为加快农村环境整治步伐，2016 年年初，市委、市政府提出了年底前完成剩余 630 个村的整治任务，实现农村环境整治全覆盖的目标。市政府印发了全覆盖整治实施方案，按照示范村、重点村、一般村三个类型分类施治，结合精准扶贫、镇村改革和村庄撤并，坚持一村一策，因地制宜，对照标准，制订具体实施方案，分阶段合理安排重点工作和进展时序，依次推进，抓好实施，解决脏乱差和突出环境污染问题。在具体整治上，采取县区整治与项目建设相结合的实施办法，县区负责完成村容村貌整治、村庄绿化美化等任务，完善长效管理机制；市政府将采取融资的方式，投入 1.7 亿元，在重点村建设生活污水处理设施和生活垃圾收集清运设施，在一般村建设生活垃圾收集清运设施。目前全覆盖项目实施方案已编制完成，近期通过专家评审后将组织实施。

（四）项目带动，整治成效日益明显

以中省农村环境连片整治示范项目为抓手，全方位整治，加快农村环境基础设施建设。一是全面完成连片整治示范项目。全面实施中省农村环境连片整治示范项目，把农村生活垃圾、生活污水、畜禽养殖等作为重中之重，加快建设环保基础设施。9 个示范县区 84 个镇 619 个村的示范项目已经全部建成，累计投入中省资金 2.94 亿元，市县财政配套 6 145 万元，建设生活垃圾填埋设施 51 个、垃圾转运站 74 个、垃圾保洁站 657 个；配置牵引式垃圾转运车 626 辆、小型垃圾收集车 3 559 辆；建设生活污水收集处理设施 286 个、污水收集管网 234 km、畜禽养殖污染治理设施 96 套、农村水源地保护设施 706 处。二是全面实施市级补助项目。

按照统一规划、分级负责、分步实施的原则，实施全面整治。在加快中省示范项目建设的同时，启动市级补助项目，从 2014 年起每年投入 1 200 万元整治实施 60 个村，目前已完成 120 个村的整治。三是积极推进综合整治项目。紧紧抓住中省加大投资的契机，积极争取项目资金。2014 年 10 月，我市渭滨区、金台区、麟游县、太白县列入全省农村环境综合整治示范县，陈仓区、陇县各 2 个村列入全省农村环境综合整治重点村，共争取 2015 年度中省投资 2 030 万元，市县配套 400 万元，目前项目基本完工。2016 年度共争取中省资金 2 400 万元，项目方案已编制并经省环保厅审查。四是大力推进生态文明建设。以生态文明建设推动农村环境整治和美丽乡村建设，国家生态市建设规划通过环境保护部评审、市人大审议并颁布实施；全市 12 个县区编制完成了生态县区建设规划，凤县率先通过国家生态县考核验收，千阳县、太白县、陈仓区、麟游县、眉县、陇县、金台区、扶风县通过省级生态县命名。全市先后建成 19 个国家级、69 个省级生态镇和 2 个国家级、63 个省级生态村。

（五）完善制度，长效机制初步形成

坚持把完善机制作为环境整治长治久美的根本选择，建立"四个机制"，保障巩固建设成果。一是完善财政投入机制。采取"四个一点"的投入模式，即"向上争一点、政府投一点、集体筹一点、农民拿一点"，市财政将整治资金列入预算，专门用于农村环境整治。同时，市县每年列支 7 000 多万元，在全市设置了 9 700 多个公益性岗位，用于村庄保洁和垃圾清运。二是完善长效管理机制。在全市范围内大力推广扶风县"五有"（有固定的"三堆"堆放点、有垃圾污水处理系统并正常运行、有固定的环卫队伍、有钱办事、有人管事）工作机制，各县区普遍建立运行保障制度。三是完善运行管护机制。注重前期项目建设和后期运行管理相结合，积极探索农村环保设施运行维护机制，大部分县区出台了农村生活污水、生活垃圾、畜禽养殖和农村环境卫生的长效管理办法，明确了实施主体、责任分工、资金保障等内容，确保农村环保设施的稳定运行和环境面貌的持续改善。四是探索创新农村环保机制。全市大多数乡镇明确了抓农村环境综合整治工作的分管领导，确定了专兼职工作人员，初步建立了农村环保"有人问、有人管、有人负责"的工作队伍。注重治理模式的创新，眉县探索出"腐烂变质沤肥还田、不

可回收就近填埋、可回收资源利用、有毒有害定点处置"的办法，凤县探索出"村民收集分类、定点兑换物资、政府补贴差价"，建设垃圾兑换超市的办法，实现了农村垃圾资源循环利用。

三、问题与建议

相对于城市，农村环境保护欠账更多。原因在于长期以来我们对农村环境问题没有给予足够的重视，农村环境保护投入不足，机制不顺，基础设施薄弱，造成目前全国范围内农村环境问题凸显。宝鸡市在破解农村环境问题上做了一些有益的探索和尝试，取得了明显效果，也积累了一些经验。同时，也存在农村环保投入的机制不顺，农村环境监管力量薄弱等问题。对于如何进一步做好农村环境保护工作，建议：一是发挥政府主导作用，充分调动镇、村两级和广大农民的积极性；二是以明晰环境产权、建立生态补偿机制为目标，完善农村环保投入机制，实现环境权益的城乡公平；三是因地制宜，勇于创新。结合各地农村的不同特点，充分发挥农民的聪明才智，通过制度创新和技术创新，建立适合农村特点的污染控制模式，从根源上形成环境友好型的农村生产生活方式；四是强化农村环境监管，环境保护机构向农村延伸；五是积极鼓励和引导农民走生态农业道路，从根本上解决农民致富、农村环境保护和农产品安全问题。

武威市大气污染防治对策研究

甘肃省武威市环境保护局　梁维吉

摘　要： 大气环境质量关系到人民群众幸福生活、经济社会发展，做好大气污染防治是环保工作的重中之重。武威市环境空气质量综合指数排名在甘肃省靠后，究其原因是 PM_{10}、$PM_{2.5}$、一氧化碳、O_3—8 h 浓度高，而这些除自然因素影响外，还与机动车尾气、锅炉、建筑工地扬尘等息息相关。为改变这一现状，武威市采取 "治污、控煤、抑尘、管车、禁燃、严管" 六大措施，狠抓大气污染防治。市委、市政府印发了《中共武威市委关于全民动员全力打好凉州大气污染防治攻坚战的通知》《武威市大气污染防治工作监督管理责任规定》《禁止城区燃放烟花爆竹的规定》《武威城区大气污染防治网格化管理方案》《关于在凉州城区限制黄标车无标车通行的公告》等政策性文件，市政府与县区政府和 15 个市直部门签订了大气污染防治目标管理责任书。成立大气污染防治办公室，从市直部门抽调 26 名干部，充实加强大气办力量。建立 "分析研判、财政投入、督查调度、责任追究" 4 项机制，实行 "日报告、周通报、旬调度"。紧盯大气质量 "浓度指标" 和 "天数目标"，细化治理任务和措施，推动治理措施的迅速落地见效，大气污染防治取得初步成效。

关键词： 大气污染　污染防治　对策

武威市大气污染防治形势严峻，打赢大气污染防治攻坚战，是功在当代、利在千秋的民心工程，是实现经济建设和生态文明建设协调发展的重大工程，也是我们必须坚决完成的政治任务。

一、武威市空气质量现状

（一）武威市空气质量综合指数现状

截至 2016 年 8 月 14 日，凉州城区 PM_{10} 平均浓度 99 μg/m³，$PM_{2.5}$ 平均浓度 38 μg/m³，优良天数 195 天，占 85.9%。

2016 年 1—6 月甘肃省 14 个城市空气质量综合指数在 4.10～6.36，武威市排名倒数第二。武威市 2016 年 1—6 月空气质量污染物浓度在甘肃省排名（由好到差）：二氧化硫排名第 7 位，二氧化氮排名第 7 位，PM_{10} 排名第 11 位，$PM_{2.5}$ 排名第 9 位，一氧化碳排名第 14 位，O_3—8 h 排名第 11 位。其中，1—3 月综合指数较高，分别是 6.33、5.17 和 6.40；4—6 月综合指数较低，分别是 3.73、4.17 和 3.96。

表 1　2016 年 1—6 月全省 14 个城市空气质量综合指数排名　　单位：μg/m³

排名	城市	SO₂	NO₂	PM₁₀	PM₂.₅	CO	O₃—8 h	综合指数
1	陇南	30	26	64	36	1 500	101	4.10
2	庆阳	40	15	70	31	1 700	124	4.13
3	甘南	23	21	72	36	1 500	147	4.26
4	定西	28	32	72	31	1 600	130	4.39
5	嘉峪关	23	24	106	34	1 000	128	4.52
6	天水	29	37	74	38	2 000	122	4.81
7	金昌	35	15	115	33	1 800	132	4.82
8	白银	39	23	103	41	1 200	110	4.86
9	临夏	21	32	85	39	2 200	140	4.90
10	平凉	23	34	92	40	2 000	133	5.02
11	张掖	38	23	104	40	1 800	144	5.19
12	酒泉	17	31	131	42	1 200	138	5.29
13	武威	27	25	106	39	3 300	140	5.40
14	兰州	18	52	125	50	2 500	148	6.36

表 2　凉州城区 2016 年 1—6 月空气质量综合指数　　　　单位：μg/m³

时间	SO_2	NO_2	PM_{10}	$PM_{2.5}$	CO	O_3—8 h	综合指数
1 月	65	35	102	51	4 100	69	6.33
2 月	48	28	113	36	2 100	81	5.17
3 月	29	31	167	57	1 600	116	6.40
4 月	7	26	67	27	1 400	141	3.73
5 月	8	17	96	31	1 600	152	4.17
6 月	8	16	89	35	1 000	145	3.96
1—6 月均值	27	25	106	39	3 300	140	5.40
国家年二级标准	60	40	70	35	4 000	160	—
污染物分指数	0.450	0.625	1.51	1.11	0.825	0.875	—
贡献率/分担率/%	8.34	11.58	27.99	20.58	15.29	16.22	—

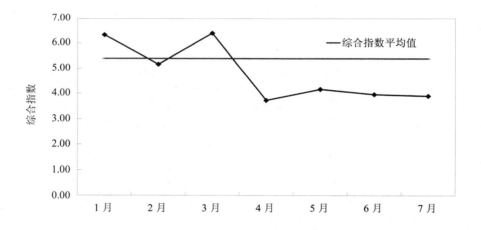

图 1　凉州城区 2016 年 1—7 月空气质量综合指数

（二）原因分析

3 月空气质量综合指数最高，为 6.40，4 月空气质量综合指数最低，为 3.73，1—3 月空气质量综合指数（5.17～6.40）较 4—7 月（3.73～4.17）明显偏高。

（1）1—6 月空气质量综合指数各污染物贡献率由大到小居前四位的依次为：PM_{10}（27.99%）＞$PM_{2.5}$（20.58%）＞O_3—8 h（16.22%）＞一氧化碳（15.29%），

其中颗粒物贡献率为 48.57%，造成我市空气质量综合指数偏高的污染物是颗粒物、臭氧和一氧化碳；同处河西的酒泉市，上半年 PM_{10} 浓度为 131 $\mu g/m^3$，综合指数为 5.29，PM_{10} 浓度与我市相当的嘉峪关（106 $\mu g/m^3$）综合指数仅为 4.52，PM_{10} 浓度（115 $\mu g/m^3$）高我们 9 个点的金昌市综合指数 4.84，究其原因就是我市的臭氧和一氧化碳浓度均高于以上三市，对综合指数贡献率较高，特别是一氧化碳。

（2）颗粒物按季节来说：1—3 月为冬季，是采暖期，PM_{10} 浓度为 102～167 $\mu g/m^3$，$PM_{2.5}$ 浓度均在国家二级标准 35 $\mu g/m^3$ 之上，为 36～57 $\mu g/m^3$，综合指数为 5.17～6.40，高于上半年的 5.40；3 月颗粒物浓度最高，同时综合指数也是最高的，PM_{10} 贡献率达 37.28%，$PM_{2.5}$ 贡献率 25.45%，仅颗粒物对综合指数贡献率高达 62.73%；4—6 月，非采暖期，天气渐暖，PM_{10} 浓度在 67～96 $\mu g/m^3$，仅 4 月达标，综合指数在 4.17 之下，但 PM_{10} 对综合指数的贡献率高，比例在 25.66%～32.89%，高于 6 项污染物的平均贡献率 16.67%。

（3）臭氧污染具有季节性特征，夏季光照强度大，为光化学反应创造了条件，臭氧的生成量与前体物（诸如车辆和工业释放出来的氮氧化物以及由机动车、溶剂和工业释放出来的挥发性有机物）浓度水平存在正相关关系；而冬季光照强度弱，即使前体物浓度水平较高，臭氧的生成速率主要受到光照条件的限值，不受前体物浓度水平控制。1—3 月 O_3—8 h 浓度为 69～116 $\mu g/m^3$，平均为 88.67 $\mu g/m^3$；4—6 月为 141～152 $\mu g/m^3$，均值 146 $\mu g/m^3$。

（4）一氧化碳通常是因为不充分的燃烧过程引发的，就凉州城区而言，没有钢铁厂、石油化工厂等重工业以及火力发电厂、水泥厂等大型企业，主要来源是燃煤散烧、汽车尾气等。上半年一氧化碳对综合指数贡献率 15.29%，1—3 月一氧化碳浓度为 1 600～4 100 $\mu g/m^3$，平均为 2 600 $\mu g/m^3$，其中 1 月份浓度最高且超标，为国家年二级标准的 1.025 倍，贡献率 16.19%；4—6 月浓度变化平稳，在 1 300 $\mu g/m^3$ 附近，均值仅为 1 333 $\mu g/m^3$，贡献率最高仅为 9.59%。上半年我市一氧化碳浓度高达 3 300 $\mu g/m^3$，在甘肃省 14 个地州市中排名倒数第一，说明，排除 PM_{10} 和 $PM_{2.5}$ 的影响，一氧化碳也是造成我市上半年综合指数偏高的主要原因。

造成我市空气质量综合指数偏高的最主要原因是 PM_{10} 和 $PM_{2.5}$ 浓度高，贡献率达到 48.57%，其次是臭氧和一氧化碳，其对综合指数的贡献率分别为 16.22% 和 15.29%。

（三）存在的问题

（1）可吸入颗粒物浓度同比大幅下降，但与目标值仍有较大差距。截至 2016 年 8 月 15 日，PM_{10} 浓度均值 99 μg/m³，距离年度目标还有 9 μg 的差距。

（2）反映空气质量的综合指数排名全省倒数第二。

（3）优良天数同比大幅度增加，但优良天数仍低于全省平均水平。

（四）造成颗粒物居高不下的原因

（1）沙尘天气影响。截至 2016 年 7 月 31 日，凉州城区共发生沙尘天气 12 次，影响天数 25 天，同比增加 6 天，沙尘天气 PM_{10} 平均浓度 310 μg/m³，导致 PM_{10} 平均浓度由 82 μg/m³ 上升到 102 μg/m³，对 PM_{10} 平均浓度贡献率达 24.4%，严重影响我市 PM_{10} 浓度目标任务的完成。

（2）自然生态环境恶劣。武威市干旱少雨，年均降水量 160 mm，蒸发量高达 2 000 mm。虽然实施了"生态立市"战略，森林覆盖率由 2009 年的 12.1% 提高到 19.7%。荒漠化、沙漠化面积由 2006 年的 3 355.8 万亩、2 323.9 万亩减少到 3 317.1 万亩、2 309.8 万亩。但森林覆盖率低、荒漠化严重无法从根本上改变。

（3）特殊的地理位置。武威市城区东南面被祁连山包围，西北分别被腾格里沙漠和巴丹吉林沙漠包围，城区距沙漠只有 10 多 km，主导风向、次主导方向上风向均有沙漠，民勤县是全国沙尘暴策源地，遇到刮风天气，从沙漠风向刮来的浮尘影响环境空气质量，由于东南面祁连山影响，影响时间较长。

（4）冬季逆温层对大气环境质量影响很大。从主要污染物小时变化图可以明显看到，从早晨 7 点太阳升起，下午 7 点太阳落下，各项污染物有 2 个升高的过程，基本是上午 11 点和夜间 11 点达到峰值。主要原因为早晨是逆温层逐步消退的过程，早晨太阳升起，地面温度逐步升高，上面冷空气向下运动，污染物向下运动，形成熏烟现象，直到 11 点左右逆温层被冲破，污染物进入高空，浓度开始下降。下午太阳落下后，地面温度开始下降，逐步形成逆温，到晚上 11 点左右形成稳定逆温层，主要污染物聚集在逆温层上部。

（5）扬尘治理措施仍未完全落实到位。部分建筑工地未完全落实 6 个 100% 的抑尘措施；是渣土车管理机制不健全，管理不到位；道路清扫频次、作业方式在不同天气情况下的组合调度还不够科学、有序、有效。

（6）监测站点周边 1.5 km 范围内低空面源污染管控措施不到位。

（7）劣质燃煤散烧、汽车尾气以及焚烧秸秆。居民小煤炉和农村土炕对大气环境质量影响较大。机动车尾气污染。从二氧化氮、一氧化碳非采暖期数据下降幅度较二氧化硫小，可以判断，机动车尾气对大气环境质量的影响较大。特别是冬季路面有雪或高峰期拥堵时，机动车怠速运行，一氧化碳、碳氢化合物排放量较大。

（8）锅炉、砖瓦企业治理不到位，排放不达标。从 1—3 月二氧化硫、$PM_{2.5}$、一氧化碳等指标可以看出，在采暖期，造成二氧化硫超标的最主要原因是燃煤。

（9）能源结构不合理，煤炭消费比例居高不下且煤质管控不到位。我市煤炭消费比重仍接近 70%。市质监局 6 次 134 批次炉前煤抽检，合格 84 批次，不合格 50 批次，合格率不足 63%。

（10）网格化管理及督查问责、跟踪问效不到位，奖惩、激励机制不健全。

二、治理措施

武威市持续深化实施扬尘、烟尘、油气尾气和综合防治四大攻坚战，采取"治污、控煤、抑尘、管车、禁燃、严管"六大措施，狠抓大气污染防治。

（1）治污。加大锅炉、工业企业达标治理和挥发性有机物治理，确保污染物稳定达标排放。

（2）控煤。按照《大气污染防治优质型煤配送网点建设工作方案》，规范管理储煤场、煤炭经营摊点、煤炭加工企业。严格落实煤质管控措施，确保辖区用煤单位、个人使用优质散煤。

（3）抑尘。督促城区建筑施工地落实 6 个 100%抑尘措施，凉州区组织实施绿化、固化全覆盖工程。凉州区洒水、喷雾、洗扫车辆对城区道路实行 24 小时轮班洒水、喷雾抑尘、机械化清扫，提高城区道路机械化清扫率。

（4）管车。对加油站、油库油气回收设施进行了回头看，督促加油站全部供应国Ⅳ标准柴油、汽油。严格落实机动车黄标车、无标车限行措施。

（5）禁燃。凉州城区严格落实禁止燃放烟花爆竹、禁止餐饮企业用燃煤炉灶、禁止露天烧烤、禁止焚烧秸秆垃圾、禁止在划定区域外祭祀"5 个禁止"。

（6）严管。对凉州城区大气污染防治工作实行日督查反馈、定期督查制度，并建立问题整改台账，督促责任单位定期整改销号，督促网格化管理员严格督促检查。每月对大气污染防治 6 张清单重点工作任务完成情况进行调度。确保大气环境质量持续改善，确保完成省上下达的环境质量改善目标。

三、结语

我市大气污染防治形势依然严峻不容乐观，在分析空气质量较差原因基础上，需全市上下齐心协力，共同打好大气污染防治攻坚战，确保人民群众共享一片蓝天。同时也需要国家分地域特征整体考虑大气污染防治考核，合理确定大气污染考核基数，在大气污染防治资金分配上给西部不发达地区倾斜，尽快实施南水北调细线工程，给西部严重缺水地区调水，从根本上改善生态环境质量。

昌吉州浆粕化纤行业环境问题研究

新疆维吾尔自治区昌吉州环境保护局　赵雪辉

摘　要：浆粕化纤是昌吉州玛纳斯县的重点产业。棉浆粕、粘胶纤维的生产，存在废水污染物排放浓度高、水量大，且工艺废气中的恶臭污染治理难度大等一系列环境问题。为促进棉浆粕与化纤行业的健康发展，彻底解决该行业面临的环境问题，玛纳斯县开展了以浆粕化纤行业为重点的区域环境综合整治，取得了初步成效。本文通过对玛纳斯县浆粕化纤行业的现状、企业排污情况，以及存在问题分析，总结了环境治理的具体工作，为同行业的污染治理和环境整治提供依据。

关键词：浆粕化纤　废水治理　废气治理　固体废物治理

一、昌吉州浆粕化纤行业发展情况

（一）浆粕化纤行业发展情况

　　昌吉州玛纳斯县的棉浆粕、粘胶纤维行业起步于 2003 年,经过十几年的发展，目前形成了以澳洋科技、祥云化纤为主的 14 万 t 棉浆粕生产能力，以棉浆粕为原料，形成了以澳洋科技、舜泉化纤、新澳特纤为主的 20 万 t 粘胶短纤生产能力。混纺产业实现工业总产值 30 亿元，实现工业增加值 5.5 亿元，税收 1.3 亿元，带动就业 3 400 人。

（二）浆粕化纤企业基本情况

1．玛纳斯澳洋科技有限责任公司

产能 8 万 t/a 浆粕，11 万 t/a 粘胶纤维。在职员工 2 500 余名，年工业总产值 20 亿元。建成日处理 5 万 m^3 污水处理站，日排放废水约 2.8 万 m^3，年排放废水约 1 000 万 m^3。

2．玛纳斯祥云化纤有限责任公司

该公司从 2008 年至今，经过两期建设浆粕设计产能为 9 万 t，其中，棉浆粕 5 万 t，木浆粕 4 万 t/a。年排放废水约 220 万 m^3。

3．玛纳斯舜泉化纤有限责任公司

设计产能为 4.5 万 t/a 粘胶纤维。日排放废水约 6 500 m^3。

二、浆粕、化纤行业生产工艺及污染物排放现状

（一）废水产生工艺

废水由粘胶短纤工艺废水、棉浆粕废水、公用工程设施含盐废水及生活污水组成。

1．棉浆粕工艺废水

棉浆粕生产过程中洗料、打浆、前除砂和漂白工序都要排放大量废水，其中洗料工序排放的黑褐色碱性废水称为黑液；打浆、前除砂和漂白工序排放的废水称为中段废水。黑液水质特点为碱性强、色度深、污染物浓度高，中段废水水质呈弱碱性，污染物含量明显低于黑液。

2. 粘胶短纤工艺废水

粘胶短纤生产废水可分为碱性、酸性和中性废水三种：

（1）洗布碱性废水。主要是洗布废水、去除纤维上残留的硫磺，脱硫剂包括氢氧化钠、亚硫酸钠和硫化钠等工序排出的碱性废水。

（2）酸性废水：包括塑化槽排水、漂白浴废水、酸站废水、精炼水洗排水，脱硫浴排水等工序为酸性废水。

（3）中性废水：以非工艺过程排放的废水为主，包括车间地面冲洗水、循环冷却水系统排水、制冷系统排水。

（二）生产工艺废气

棉浆粕、化纤企业废气污染源主要包括粘胶短纤维、棉浆粕生产工艺废气和锅炉燃煤烟气。以澳洋科技处理工艺进行分析：

1. 化纤排放以粘胶短纤工艺废气为主

具体如下：

（1）原液车间：磺化、后溶解、过滤、连续脱泡装置。

（2）纺炼车间：纺丝机、塑化槽、分配槽、精炼、水洗、切断等装置。

（3）酸站：六效闪蒸装置。生产装置均采用密闭或半密闭形式，由配套抽风机排出工艺废气使装置内保持负压（减少车间内弥散），排气中含有 CS_2 和 H_2S。

2. 棉浆粕工艺废气

蒸煮工段蒸球排放废蒸汽，其中含有少量氨、甲硫醇、二甲硫等恶臭物质。

（三）固体废物

粘胶短纤生产线生产过程中有大量的副产物硫酸钠（芒硝）产生，原液车间有少量固化的废粘胶块，纺炼车间产生少量废丝，酸站纺丝浴（溶液）过滤排放少量硫磺等杂质。

（四）棉浆粕化纤企业排放现状

1. 废水排放现状

（1）澳洋公司排放情况。

全厂污水产生量约为 4.2 万 m³/d，排入污水处理站进行处理，其设计处理能力为 5 万 m³/d。

（2）玛纳斯舜泉化纤有限责任公司。

现有总规模为年产 6 万 t 粘胶短纤及相关产品。废水排放量约为 13000m³/d。

（3）玛纳斯祥云化纤有限公司。

现有工程主要是浆粕生产，实际污水排放量约为 8 500 m³/d。

2. 废气排放现状

澳洋科技废气总排口 H_2S 排放量小于 21 kg/h，CS_2 排放量小于 97 kg/h。舜达化纤有限公司废气总排口 H_2S 排放量约为 1～2 kg/h，CS_2 排放量约 50～60 kg/h。

3. 固体废物

主要是粘胶纤维生产中有大量的副产物硫酸钠（芒硝）。

三、存在的主要环境问题

"十二五"期间玛纳斯县开展在棉浆粕化纤行业环境综合整治，特别是 2015 年玛纳斯县对三家浆粕化纤企业实施停产整治，累计投资 7.8 亿元，全面实施浆粕化纤企业工艺废气治理、工业废水一级提标工程，再生水综合利用及沙漠氧化塘修复工程等"一厂三库"建设和生态恢复工程。通过整治企业废水实现达标排放，工艺废气中的恶臭问题得到有效解决，再生水库建成投运，生态林建设和氧化塘治理基本完成，但也存在一些问题。

（一）废水排放存在的主要环境问题

目前已实施的污水提标工程外排水无法适应废水综合利用的要求，根据环保厅《关于重申加强棉浆粕及粘胶纤维企业提标改造工作的通知》（新环发〔2014〕478号）要求，达到污水综合排放标准一级标准的生产废水，要求全部综合利用，不准再排入沙漠污水库。澳洋科技和舜达化纤生产废水含盐量约 10 000 mg/L 左右，远高于农业灌溉水质标准，对水的综合利用存在明显的制约。

目前3家棉浆粕化纤企业的废水处理设施和工艺从经济、技术角度还存在的一定的不合理之处，需要进一步改进，如采用钙法脱锌会造成废水中硬度增加，尾水处理采用芬顿工艺浓度氧化，脱色效果不明显，增加出水盐份，产生大量的物化污泥。

废水的盐分会对植物生长产生不利的影响，当含量盐在土壤中累积超过特定植物的忍受水平时，植物根区伤害就会发生，造成其相对缺水，出现生长受阻、叶片变黄、根茎腐坏等症状。因此，土壤全盐含量的变化是再生水回用于灌溉时最关心的问题之一，通常认为，当全盐浓度小于 2 000 mg/L 时，短期内不会对绿地植物生长造成伤害。

锌是10种生命金属的一种，在植物叶绿素的形成中，植物体内多种脱氢酶、蛋白酶、肽酶的组成和其氧化还原过程都不能没有锌。植物一般通过根部溶解离子的扩散和向根液流吸收土壤中的锌。综合国内外研究资料，当土壤有效锌含量<0.5 ppm 时为严重缺锌，1～2 ppm 为适量，>4.5 ppm 时为丰富。倘若环境中的锌含量过高，超过了植物的需要和最大忍耐能力，植物体内的锌累积明显增加，严重时可引起植物中毒，使植株叶片黄化、褪绿，并导致株形矮小等症状，其结果可造成减产，产品质量变劣甚至绝产等现象。

综合以上分析，采用一级达标排放的污水用于荒漠生态灌溉，其水质主要受盐分影响，根据澳洋科技实际生产线水质情况，其含盐量通常在 10 g/L 以下远高于农田灌溉水质标准等要求，故要求控制厂内一级达标污水的盐分。

（二）废气存在的主要问题

（1）废气收集系统存在的主要问题。化纤生产过程中纺炼车间、转化车间、尾气焚烧制酸车间、废水处理设施和 CS_2 储罐间存在收集不完全及无组织泄漏等问题。

（2）尾气处理装置存在的主要问题。浆粕车间蒸煮废气直接冷却吸收方式处理，对恶臭气体处理效果有限。吸附槽烘干尾气，未经任何处理造成短时间、间歇的恶臭气体排放；有组织废气和无组织废气对碱洗塔间歇式处理，影响处理效果，CS_2 处理效果有限。纺炼车间烘干尾气收集后直接排放，没有进行必要的处理。

（三）固体废物存在的主要问题

化纤生产过程中产生的芒硝委托一家企业生产元明粉，由于市场不景气，造成约 5 万 t 芒硝堆放在厂区内。直接露天堆存，没有采取防尘、防渗等措施。固体废物不按规定处理，将产生水污染和扬尘污染。导致土壤、地表水体及浅层地下水的污染。

四、棉浆粕化纤行业污染物治理情况

（一）废水治理

1. 浆粕废水

浓黑液提取、蒸发浓缩处理及喷雾干燥装置，污染物浓度较高的浓黑液单独处理，采用"蒸发浓缩+回收木质素"全部消耗。

2. 化纤厂废水

化纤厂废水直接通入粘胶化纤生产废水处理系统。主要污染物为酸、碱、锌离子、硫化物和 COD，COD 浓度约为 1 500 mg/L。废水处理采用中和、絮凝、沉淀工艺，出水进入后续混合池。目前污水处理提标改造工程已经达到化纤浆粕工业一级排放标准。具体的污水处理工艺如图 1 所示。

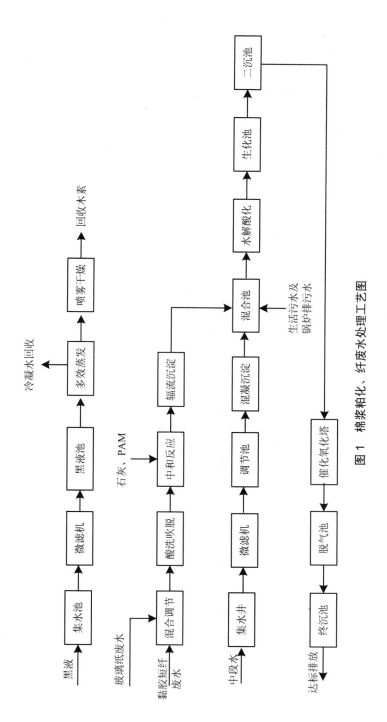

图 1 棉浆粕化、纤废水处理工艺图

(二) 废气治理

1. 无组织废气的收集治理

针对化纤行业的臭气污染问题，澳洋科技和舜达化纤企业进行系统的治理，对产生臭气的车间机台、管沟、废水曝气池等环节进行密闭改造，进行负压回收，回收的臭氧经过三级碱喷淋、一级除雾装置处理后高空排放。经过治理，困扰多年的臭气污染问题已不复存在。

2. 化纤生产线的废气治理措施

化纤生产线均设置有酸浴脱气装置，将所有循环酸进入脱气塔，脱出的硫化氢和二硫化碳送至废气燃烧工段。经酸浴及脱气转换脱气塔脱出的富含硫化氢和二硫化碳的废气经过气水分离后送到燃烧炉进行完全燃烧，将 H_2S 和 CS_2 转化为 SO_2，转化工段主要是将 SO_2 转化为 SO_3 制成硫酸。废气治理工艺流程见图 2。

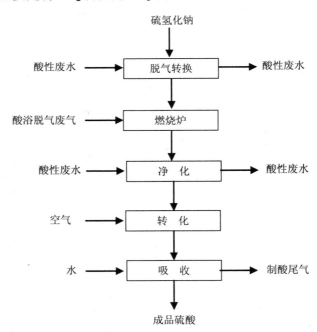

图 2　废气治理工艺流程

（三）固体废物治理

1．澳洋科技有限公司治理情况

芒硝处理方式主要是外售加工成元明粉等化工原料，由于滞销，目前在厂区东侧建设一个一般固体废物填埋场，先做填埋处理，并根据填埋场环境评价要求进行防渗等处理；木质素经新疆固废中心鉴定为一般固废，可作为生产减水剂等的化工原料。

2．舜达化纤有限责任公司治理情况

目前该企业投资 2 000 万元建设降膜蒸发及一步提硝改造项目，公司将达到每天生产 90～100 t 高品质元明粉副产品直接外销，不再产生芒硝。

3．祥云化纤有限公司治理情况

该企业产生的固体废物只有污泥和栅渣及锅炉炉渣，污泥和栅渣掺到煤中燃烧。燃烧产生的炉渣少部分做为筑路材料外销处理，大部分堆存在厂区内建临时堆场堆存，无防尘及防渗等措施。

五、对策建议

（一）废水治理及综合利用

在企业在完成《污水综合排放标准》（GB 8978—1996）一级标准提标验收后，为达到废水综合利用的目的，还进一步降低废水含盐量，控制色度、异味、锌离子含量等指标，再生水进行碳汇植物林带及湿地植物的先导型灌溉试验，确保再生水含盐量满足综合利用的要求。

1. 废水进一步处理，降盐控锌

（1）从源头削减含盐量的措施

粘胶企业从生产工艺入手，降低废水纺练车间酸性冲毛水中的硫酸根含量。在切断前的纺丝机和牵伸机上增加强化刮酸装置，降低丝条带酸量，既可减少硫酸根的排放，又可降低硫酸、硫酸锌的消耗，同时增加酸站车间芒硝的产出率。其次，减少酸站车间硫酸根的排放量，采用稀硫酸吸湿冷凝二次蒸汽技术（简称酸冷结晶）替代水冷结晶，提高单套结晶的产量和系统运行的稳定性。

（2）进一步降低外排废水含盐量的措施

降低废水盐分的技术可以分为清洁生产技术和末端治理技术两类。为避免灌溉过程中由于盐分的累积效应，造成土壤的盐化等现象，根据专家咨询、文献检索、企业调研等，最终确定近期外排废水含盐量近期控制在 5 500 mg/L 以下，同时，通过先导型灌溉试验确定最优化外排废水含盐浓度，确保再生水含盐量满足综合利用的要求。通过技术进步、污染治理技术示范等进一步实现有效控制，进一步降低达标外排水盐度，实现外排废水盐分降低至自治区统一的含盐标准以下，达到再生水综合利用要求。

2. 调蓄利用，造林灌溉

在水资源短缺的背景下，合理利用达标工业污水作为碳汇林水源，对实现玛纳斯县经济社会良性发展、缓解水资源短缺、促进生态环境逐步恢复和平衡，具有重要的社会、环境和经济意义。建设中水回用水库，实施县境内棉浆粕企业达标污水综合利用与治沙造林有机结合，积极落实工程林业战略。计划在六户地镇和北五岔镇北部沙漠前沿小农场治理清退的非法开垦的荒地及现有重点风沙区开展 10 万亩工程林业造林，建成北部荒漠前沿宽幅绿色屏障。

工程实施后计划经过 3 年经营管理，建成功能较完备的生物防沙治沙体系，至 2020 年基本遏制玛纳斯县土地沙化的扩展趋势，完成北部荒漠区生态治理面积 10.7 万亩。

3. 生态利用

摸索沙产业与林草种植相结合的发展模式，沙产业与林草种植组合模式如林草混交、不同品种组合方式等。探索沙产业与林草种植组合模式的目的是因地制宜的采取立体林草间作等措施，尽快把绿色植被的建设组合为新型环保的沙产业链条，通过一系列特色种植来实现达标废水综合利用经济价值，保障企业及修复区沙产业可持续发展。根据因地制宜的原则，以肉苁蓉、红柳、沙棘、梓条和白刺及麻黄等适应性强、经济开发价值高的物种作为沙产业主要品种，为污水库治理过程中伴生的沙产业开发奠定物质基础。有利于污水库生态治理恢复工作的展开，且不会形成新的污水覆盖区域，符合污水库生态治理恢复的环保要求。

（二）废气治理

（1）对现有的废气收集处理系统进行改造，进一步提高处理效率。对中纺炼车间、NHS转化车间、尾气焚烧制酸车间、废水处理设施和CS_2储罐间存等无组织排放点的废气收集进行改造，提高收集率。

（2）尾气处理装置进行改造。增加浆粕车间蒸煮处理装置和纺炼车间烘干尾气。优化有组织废气治理设施。

（3）对尾气进行深度处理，采用电除雾和分子裂解装置对低浓度废气进行处理。

（三）固体废物处理

1. 改进产生工艺，综合利用热源，减少芒硝的产生量

新上一套五效蒸发结晶联产装置既处理了二浴溢流水，同时也生产了元明粉。

2. 对现有企业厂内区的芒硝进行规范处置

现有厂区堆放芒硝，在生产元明粉之前，进行防渗、防扬尘处理。在现有芒硝制元明粉项目南侧建临时堆放场，地面按照规定做好防渗处理。

3．建设固体废物填埋场

建设玛纳斯澳洋科技废芒硝填埋场，处置该公司粘胶短纤维生产过程中的固废芒硝，采用密闭罐车运输方式，实现纳斯澳洋科技有限责任公司废芒硝无害化处理；建设祥云化纤有限公司一般固体废物填埋场，接收企业生产过程中产生的锅炉炉渣、锅炉飞灰及污泥等工业固体废物，同时将该企业厂区内的堆存的固废一并无害化处理处置。

浅析新疆石油开发中土壤及地下水环境污染防治

新疆维吾尔自治区克拉玛依市环境保护局 常 洪

摘 要：随着石油工业规模不断增加，其在开采、运输、贮藏、加工过程中产生的环境问题也逐步凸显，据粗略统计，每年开采石油中约 5%~7%（含原油及产品）最终进入环境中，对包括土壤和地下水在内的生态环境构成持久性的危害。新疆作为油气田资源非常丰富的地区，石油开发相关污染治理也受到越来越多的关注，亟待深入调查与研究其具体污染情况，尤其需掌握土壤、地下水污染成因及特性，提出适应我国最新环境保护要求的监管治理措施，以减少或避免未来油田生产开发活动对区域环境造成不良影响。

关键词：石油开发 土壤 地下水 污染防治

石油是现代社会的最主要能源之一，被称作"工业的血液""黑色的金子"。世界各国十分重视石油工业的发展，全球产油的国家和地区已有 150 多个，发现的油气田已有 4 万多个，年产总量达 22 亿 t，其中 17.5 亿 t 是由陆地油田生产的。我国目前已在 25 个省和自治区中找到了 400 多个油气田或油气藏，自 1978 年以来我国石油年产量突破 1 亿 t 大关，从而成为世界十大产油国。

过去数十年间，国内各大油田区域采油工艺相对落后，加之环境保护意识淡薄、污染控制和修复技术缺乏，石油开发过程中污染物通过井场渗透、窜层、迁移等方式进入土壤、河流或地下水，对油田区的整体环境质量产生严重危害，污染呈逐年累积加重态势，部分油区土壤和地下水生态环境已恶化至不可恢复的边缘，并进而危害区域生态安全和人群健康。

随着 2015 年新修订时环境保护法的实施，国务院"气十条""水十条""土十条"的陆续出台，我国环境保护工作进入一个全新的阶段，从政策，经济，技术等角度对环境污染监管达到新的高度，社会各个层面都已动员起来，共同围绕环境质量改善这一目标而努力。

一、石油开发土壤、地下水环境污染成因分析及影响特点

油田滚动开发区域面积大，环境风险高。新疆地区油气资源非常丰富，油区开采纵横准噶尔、塔里木、吐哈三大盆地，油区钻井、站场数量巨大，分布广，设施周边环境复杂，周边常存在农田、林地、牧草地、风景名胜、地表水系、地下水源地等环境敏感区，环保达标的治理资金需求很高，一旦产生污染则影响恶劣，环境风险很高。

历史欠账多，老井窜漏已进入集中爆发期。我国油田大规模开发从 20 世纪 60 年代起，至今全国油田区土壤污染面积约有 $4.8 \times 10^{10} \mathrm{m}^2$，占油田开采区面积的 20%～30%。有的油田区长期积存未经处理的含油污泥为主的石油固体废物，堆放量超过 300 万 t，成为油田区污染的主要来源。受当时历史环保意识理念，经济技术等多方面影响，早期一些开发单位急于生产，环保设施简陋老旧，早期建设的土坝废液池在大风天气容易污水漫堤，迎风面风蚀严重有塌陷风险；老旧废液池、废油泥池已不符合环保要求，处理设施长期处于高位临界运行状态，油泥历史遗留超过数十万吨；老区油井已进入高含水阶段，注水、作业频繁，固井、套管、封堵工程质量不稳定，套损、管外漏、地漏气窜情况逐年增多，存在严重环境安全隐患。

油田井下状况渐趋复杂，环境污染风险增大。在油田持续开发过程中，为保持油气产量，井口历经压裂、酸化、挤液、调剖、堵水等诸多工艺，频繁作业导致油井套管变形、破裂和错断，加重了井况恶化速度。油井发生管外漏、地漏概率随之变大，漏点冒出的原油及污水渗漏至地面后迅速蔓延，加之部分油田开发区域地处偏远，巡查发现后污染面积已超过上万平方米，形成大量含油泥土，破坏性地改变土地性质，荒漠植被生态系统受损后难以恢复；泄漏出的原油、含油污水等在地表形成蒸发区，形成挥发性有机物、恶臭排放，油污渗透至地下水层，对周边的生态环境影响很大。

开发区存在地下水或地下水补给区，地层液体腐蚀严重。部分油井所在区域地层水矿化度高，氯离子、钙镁离子、硫酸根离子含量大，同时伴有硫化氢、含油硫酸盐还原菌、腐生菌、铁细菌等腐蚀性物质，套管长期受到地层液体和井筒内流体的腐蚀，强度降低，发生腐蚀穿孔。一旦出现套管局部腐蚀或蚀坑，套管强度将大大降低，更加容易产生破漏或密封失效。

油田开发过程中的钻井、采油、集输等过程均可能对地下水资源造成一定的污染，井下套管外漏特别具有隐蔽性和累积性，检测难度大，随时间污染程度成倍数增长，地下水污染一旦形成，消除则很困难，目前在一些油区生产、生活水源井已发生过出水含油气的情况，随着地下水层的开发使用活动，将对区域人群饮水安全带来极大的健康风险。

油藏开发方式对井口冲击强。我国部分油藏以稠油、超稠油为主，常利用蒸汽吞吐开采方式，普通稠油注入蒸汽在200～300℃，超稠油注入蒸汽大多数在300℃以上，注蒸汽、停注焖井、采油作业交替进行，期间蒸汽吞吐形成的交变热力使得套管反复拉伸和收缩，极易引起套管损坏。高压注入蒸汽产生的强压力冲击，也容易在套管和固井水泥环之间产生缝隙，油气沿着隙上窜，在井口羊角阀产生泄漏。

对于稀油井，注水开发导致泥岩吸水膨胀挤压套管，造成套管变形，采用蒸汽吞吐或蒸汽驱开发的稠油井，在注入高温高压蒸汽的条件下，还会引起泥岩蠕变，对套管产生挤压和剪切，引起变形和错断。

地质条件影响大，隐患成因复杂。以新疆油田为例，地表窜层现象比较严重，主要原因是地层中天然裂缝张开，在原始状态下，天然缝隙是闭合的，开发以后进压裂投产或注水等人工措施，天然缝隙在压力下张开、窜通，隔层阻挡能力不足，极易发生窜通或干扰，流体甚至窜至地表。加之一些开发层系的盖层发育薄弱，封闭性不强，注入蒸汽沿井间隙进行喷窜至地表，产生油层至地表的蒸汽至地表的通道，出现地面汽窜点。

二、石油开发土壤及地下水环境污染防治策略

提高企业环保意识，控制污染源头。新疆油田开发多处于戈壁荒漠，生态环

境十分脆弱。随着油田工业产能不断发展，污染物的排放必然会破坏新疆油田脆弱的生态环境，环境的恶化反过来又会制约油田的发展。企业必须增强环保意识，在油田开发中坚持"两手抓、两手都要硬"，将环境保护提升至增产油气相同的高度，将环保理念贯穿于油田勘探开发的每个环节，加大环保资金投入，优化套管材料及结构设计，提高固井质量，加强注水水质监测，改善酸化压裂工艺，通过多种工程技术措施降低井漏井窜风险，减少油气污染土壤及地下水的可能性，从源头遏制污染的产生。

加快历史遗留问题处理，保证新增油泥得到妥善处理。本着实事求是的原则，开展油区污染源排查，重点对历史遗留下简易废液池、土油坑进行彻底的摸底，按照轻重缓急，优先安排涉及农田、水源地等敏感区的治理和保护，对含油废液、油泥进行回收，回填土方恢复地貌，消除环境隐患。抓好日常环境监管，坚决杜绝油田开发中泥浆池防渗破损、含油废液无措施排放储存、生产废料随意倾倒或掩埋的现象的发生，新产生的含油污泥按照法律要求由具备资质的单位无害化处理，鼓励相关环保处置产业、技术壮大发展，提高生态修复治理能力。

建立油区隐患排查制度，实施动态跟踪管理。多数油井管外漏、地漏隐患通过找漏封堵可以解决，但现在技术水平尚难以做到完全治理，尤其是对于地层窜漏、层间漏失等问题，简单的封堵并不能很好地解决问题，反而可能带来地下水窜层，破坏产层结构，隐患消而复出等问题。必须建立油区隐患排查制度，对井口站场施工进行过程监督，做到"一井一档"，实施"勘测—施工—营运—封闭"全过程动态跟踪管理，及时发现处置缺陷，最大限度地消除环境污染隐患。

加强环境保护监管，划定地下水保护区。油田勘探开发区域内，开发前应详细查明当地水文地质条件，以地下水水源井为核心，确认对地下水具有潜在危害的施工作业范围，尽可能避免在地下水源区域开发。根据地下水水源水质情况，使用类型和补给情况，划分水源保护区。地下水源地径流、补给和排泄区均应划入保护区。同时，要强化环境执法监察，督促企业加强保护区内生态恢复工作，严禁采用渗坑（井）处置污水，所有泥浆坑、废液池必须按要求采取防渗等措施，防止污染地下水。建立区域地下水资源保护动态监测网，对地下水的水质、水位进行长期连续监测，并适时提出地下水保护调整措施。

专题四　环境执法案例

苏州市新《环境保护法》实施后典型案例

江苏省苏州市环境保护局　蒋　勐

摘　要：针对环境违法行为，新《环境保护法》新增了按日连续处罚、查封扣押、限产停产、移送行政拘留等多种规定，环境保护部出台了相关办法与之配套。在具体行政执法过程中，需要精准解读法律规定，严格环境监管，才能体现执法效能。

关键词：按日计罚　查封扣押　限产停产　行政拘留　司法联动

一、"按日计罚"案例

江苏福兴拉链有限公司因超标排污且拒不改正而被实施按日连续处罚。

（一）基本案情

2015 年 1 月 5 日，苏州市环境监察支队在专项执法行动中查实从事拉链生产（包括金属件表面处理、布料件染色）的江苏福兴拉链有限公司厂排口外排水化学需氧量浓度为 119 mg/L，超过《电镀污染物排放标准》（GB 21900—2008）表 3 标准限值。根据《水污染防治法》，苏州市环保局对该企业进行了行政处罚，罚款人民币 1.8 万元，并于 1 月 21 日依法向该企业送达了《责令改正违法行为决定书》，责令该企业立即停止违法排污行为。2 月 3 日，苏州市环境监察支队根据《环境保护主管部门实施按日连续处罚办法》要求，以暗查方式对该企业进行复查，再次对生产中的该企业厂排口外排水进行采样，经监测分析，其化学需氧量浓度为 93.1 mg/L，仍超过《电镀污染物排放标准》（GB 21900—2008）表 3 标准限值。

（二）处理情况

鉴于该企业存在超标排放污染物且被责令改正后拒不改正的违法行为，苏州市环保局根据新《环境保护法》及《环境保护主管部门实施按日连续处罚办法》（以下简称《实施按日连续处罚办法》），对该企业进行了计罚日数为 12 日的连续按日处罚，合计罚款 21.6 万元，并再次送达《责令改正违法行为决定书》，继续要求企业停止违法行为。

2015 年 3 月 5 日，苏州市环境监察支队以暗查形式对该企业进行第二次复查，发现该企业已停止生产，厂排口无水外排。经调查，该企业收到第二份《责令改正违法行为决定书》后已自行停产整改，调整废水处理工艺、完善废水处理设施，确保稳定达标排放。

目前，该企业已完成整改，排放水水质已满足标准要求。

（三）典型意义

新环保法实施前，对于排水水质浓度超标而水量较少的企业，因核算出排污费较低，所以行政处罚金额有限，违法成本低，难以有效震慑违法企业，导致"罚而不改"的现象。新《环境保护法》及配套的《实施按日连续处罚办法》针对企业"拒不履行改正措施或者改正义务"的违法行为，明显加大处罚力度，提高企业违法成本，倒逼企业主动采取整改措施，提高治污水平。

此外，本案作为苏州市第一例"按日计罚"案件，在案件办理程序和法律文书制作等方面进行了积极的探索，具有良好的示范作用。

（四）办案指导

（1）责令改正。按日计罚案件相比于新环保法实施前的行政处罚，发出《责令改正违法行为决定书》是一个重要环节，两点需重视：一是严把时间节点，决定书在取得监测报告后三个工作日内必须送达，此外，计罚周期是决定书送达后次日起计。二是明确改正要求，决定书必须载明改正要求，以作为当事人违法行为改正与否的判断依据。

（2）有始有终。重视案件的连续性和执行效果，进入按日计罚程序后须"有始有终"。即责令改正后，必须进行复查，复查发现未改正，则再次责令，相应地再次进行复查，直至企业改正违法行为或停产、停业、关闭才能结案。因此，理论上如果企业不改正违法行为，环保部门的行政处罚"上不封顶"。

（3）法律衔接。在实际执法实践中，适用按日计罚的违法行为也适用于限产停产、查封扣押、行政拘留、司法移送等法律法规，因此，环保部门在办理按日计罚案件的同时必须注意与其他配套法律法规的有效衔接，如适时启动限产停产等其他配套措施，不能以罚代管，忽视立法初衷。

（4）自由裁量。执法坚持"过罚相当"和"公平公正"的原则。针对具体个案，前期启动程序和后期实施处罚都应进行规范、公平、合理的自由裁量。环保部门应着手构筑并完善自由裁量系统，考虑违法危害程度、环境实际影响、整改措施效果等多方面因素，为按日计罚案件提供标尺。

二、"查封扣押"案例

江苏中鼎化学有限公司因通过暗管违法排污而被实施查封。

（一）基本案情

2015 年 1 月 21 日，根据群众举报，张家港市环保局对江苏中鼎化学有限公司进行执法检查，发现该公司将硬脂酸车间蒸馏工段集水池内废水通过软管排至厂区东侧河道。执法人员对排放水、河水进行了采样。经监测分析，排放水化学需氧量浓度达到 2 500 mg/L，而河水水质化学需氧量浓度也达到了 637 mg/L。

（二）处理情况

针对该公司私设暗管偷排废水的行为，张家港市环保局按照新《环境保护法》和《环境保护主管部门实施查封、扣押办法》的要求，启动查封程序。2015 年 1 月 27 日，张家港市环保局向公司法定代表人当场宣读了张家港市环保局查封（扣押）决定书，现场制作了查封清单，对硬脂酸车间蒸馏工段的配电箱、炉窑、成品接收阀门等设备进行了查封。后该企业积极整改，彻底封堵排污口，并于 2 月 6 日向张家港环保局提出解除查封的申请。环保部门经过现场核查，证实该公司确已改正违法排污行为，故于 2 月 11 日解除查封。

（三）典型意义

环境保护查封、扣押作为行政强制措施的重要构成部分，让长期饱受环境执法手段"偏软"困扰的基层环保执法人员有了"撒手锏"，有效改善了环保部门对肆意污染、破坏环境并拒不配合执法等违法行为"无能为力"或执行"慢半拍"的不利局面。此外，该案严格按照法律法规要求，经过调查取证、审批、决定、送达、执行、解除等环节，为类似案件提供了有益借鉴。

（四）办案指导

（1）"可以"和"应当"。《环境保护主管部门实施查封、扣押办法》根据查封和扣押的内在属性，将第四条所列的六种适用情形进一步分列为"可以"和"应该"两类，从制度上最大限度地规范了自由裁量权的行使。环保部门在实际办案过程中要严格把握具体情形，依法实施查封、扣押。

（2）"查封"和"扣押"。《环境保护主管部门实施查封、扣押办法》明确查封、扣押的对象是造成污染物排放的设施、设备，而不是危险废物等已产生的污染物，环保部门在办案过程中应慎重选择查封、扣押对象。此外，考虑环保部门行政成本，应优先选择就地"查封"这一强制措施，避免因扣押造成损失而承担赔偿的风险。

（3）"执行"和"监督"。第一，因行政强制权不能委托，所以"执行"必须由行政机关承担，现场应由机关法规部门拥有"行政执法资格的人员"实施查封、扣押。第二，实施查封、扣押必须通知排污者的负责人或受委托人到场，并现场制作笔录和查封、扣押设施、设备清单。第三，环保部门应对查封、扣押后的设施、设备封存情况进行定期检视、监督，对擅自撕毁封条、启动设备等行为应提请公安机关依法处理。

三、"限制生产"案例

昆山欣谷微电子材料有限公司因重点污染物超总量排放而被责令采取限制生

产措施。

（一）基本案情

昆山市环保局在对昆山欣谷微电子材料有限公司进行执法检查过程中，查实该公司 2014 年排入昆山市千灯污水处理有限公司的工业废水总水量为 2 366 t，并根据其接管排放水采样监测结果（化学需氧量浓度为 144 mg/L）核算化学需氧量实际排放量为 1.14 kg/d（生产天数以 300 天计），超过环评及审批中核定的年排水总量（0.05 万 t）及化学需氧量日排放总量控制指标（0.83 kg/d）。

（二）处理情况

昆山市环保局收集了企业建设项目环评、审批、验收材料，排水缴费发票，IC 卡控制系统水量记录等证据，并进行了后续调查询问，查实了该公司环境违法行为。昆山市环保局在向该公司发出《限制生产事先（听证）告知书》后未收到当事人的陈述申辩意见和听证申请，随后根据新《环境保护法》和《环境保护主管部门实施限制生产、停产整治办法》相关条款，责令该公司在 2015 年 2 月 3 日至 5 月 3 日，限制生产、降低产量。2 月 17 日，该公司向昆山市环保局报送整改方案并着手落实相关措施，后于 4 月 6 日将整改报告呈昆山市环保局备案。在备案解除限产后，昆山市环保局于 4 月 17 日对该公司停产整治情况进行了跟踪检查，未发现环境违法问题。

（三）典型意义

首先，对于一些长期超标、超总量的排污者，需要通过采取限制生产的措施，迫使排污者自行整改，制订有针对性的整治方案，推动节能减排、清洁生产、优化治污工艺或设备，从根本上解决超标、超总量排污的问题。其次，限制生产是强化排污者环保责任，督促其履行义务的需要。根据国际通行的"污染者负担"原则，排污者是环保的直接责任主体，有义务在被责令限制生产后改正其超标、超总量排放污染物的行为，并有义务向社会公开其整改过程和结果。最后，该案在超总量违法行为证据固定方面进行了积极探索，通过缴费发票、IC 卡排污所记录数据来准确确定排放水量，结合水质浓度监测结果核算日均排污总量，这都为涉超排放总量案件提供了借鉴。

（四）办案指导

（1）明确适用。《环境保护主管部门实施限制生产、停产整治办法》第五条明确了责令采取限制生产措施的适用范围，即超过污染物排放标准和重点污染物日最高允许排放总量控制指标。而限产后仍超标排放污染物、总量超过年度控制指标的行为则已不适用限制生产，应适用停产整治措施。上述类似违法行为，办案时应加以区别。

（2）合理裁量。对于超标、超总量的环境违法行为，责令改正和行政处罚是必须采取的措施，而责令限制生产、停产整治（在法条里表述为"可以"）则需根据案件实际情况进行合理的自由裁量。实施限制生产、停产整治一般适用于污染行为持续时间较长，且需要一定整改期限的排污者，通过限产、停产来减少污染，并倒逼当事人主动履行治污义务。其中："超日总量"的适用限产、"超年总量"的适用停产。

（3）自律和公开。环保部门应一改往日执法监管无限责任的惯性思维，而必须将超标、超总量排污造成环境问题的主体责任落实到排污者，强调排污者自律。借鉴本案工作，环保部门应明确告知排污者整治方案报备、整治过程自测、整治结果公示备案的流程。此外，限制生产、停产整治决定的解除与否不再依赖于环保部门的核查、验收，而以报备即解除措施的方式让排污者自行承担责任，并对备案和公开材料的真实性负责。

（4）后督察和跟踪检查。环保部门作为监管者，应开展责令限产、停产期间的后督察和解除限产、停产后的跟踪检查。这两项工作是对排污者自律行为和整治效果的考核，必不可少且意义重大，将决定是否对排污者采取进一步的诸如停业、关闭等更严厉的措施。

四、"停产整治"案例

常熟华新特殊钢有限公司因突发事件造成污染物排放超标而被责令采取停产整治措施。

（一）基本案情

2015 年 3 月 26 日，常熟华新特殊钢有限公司酸洗车间发生火灾，企业未及时采取有效环境应急措施，致使部分消防尾水通过雨水管网溢流到外环境。常熟市环保局人员立即赶到现场，指导并会同企业采取了应急措施，采用筑坝、封堵的方式及时制止了溢流废水扩散，并督促企业将溢流废水泵送至厂内废水处理设施进行处理。

常熟市环保局执法人员对事故现场溢流废水采样，经监测分析，其水质 pH 值、化学需氧量、氟化物、硝酸盐氮等指标均严重超标。

（二）处理情况

常熟市环保局依据《水污染防治法》，对该公司处以 2 万元罚款，并根据《环境保护主管部门实施限制生产、停产整治办法》相关条款，责令该公司酸洗车间实施停产整治，直至采取有效措施，消除环境污染和隐患。该公司按环保部门要求，立即制订了具有可操作性的停产整治方案，分紧急措施和设施改造两部分内容落实整改。2015 年 4 月 10 日，该公司完成整改工作并向常熟市环保局备案解除停产整治。4 月 22 日，常熟市环保局对该公司进行了跟踪检查，认可其已改正违法行为。

（三）典型意义

企业突发事件若应急处置不当，往往会导致严重的环境污染。为预防突发事件，环境保护部门已要求环境风险源企业配套建设环境应急设施（如消防尾水收集池和切断闸门）、编制应急预案并备案、定期组织应急演练。但仍有企业对环境应急工作未引起足够重视，加之突发事件状况复杂，事故性污染未能避免。本案环保部门在指导现场应急处置、对企业违法行为进行罚款处罚的同时，应用《环境保护主管部门实施限制生产、停产整治办法》，责令当事人采取停产整治措施。这种相对更严厉的惩治方式，给当事人和所有环境风险源企业敲响了警钟，有力地保障、督促环境应急管理工作落实。此外，常熟市环保局在发出《责令停产整治决定书》的同时，以附件的形式向当事人提供了《停产整治方案》《停产整治任务完成情况报告表》的框架模板和内容要求，既有助于企业参考领会，又有益于案卷材料的规范，值得借鉴。

（四）办案指导

（1）控制污染优先。如同本案，突发事件造成环境污染、安全隐患时，现场办案人员应坚持"控制污染优先"的原则，第一时间指导并帮助相关组织和人员应急处置污染物，尽量减少对周边环境的影响，筑坝截污、土壤收集等措施必不可少。

（2）应急务求实效。本案反映出不少企业应急防范仍存在问题，突发事件造成环境污染的隐患始终存在，存在环境风险的企业和环保部门都应举一反三，引起足够重视。

五、"行政拘留"案例

常熟市三联印染有限公司恒顺分公司因通过暗管违法排污两名责任人被行政拘留。

（一）基本案情

2015 年 3 月 30 日夜间，常熟市环保局对常熟市三联印染有限公司恒顺分公司进行现场监察，发现该公司的印染车间设置有临时排污管道，通过临时排污管道将生产废水（经监测：化学需氧量、色度、悬浮物、pH 值均超标）排入雨水沟渠，最终进入"引江济太"清水走廊——望虞河。

（二）处理情况

常熟市环保局立即对该公司立案调查，并根据《环境保护主管部门实施查封、扣押办法》的有关规定，于 2015 年 4 月 1 日发出《查封决定书》，对该公司染色车间的 7 台高温高压染色机实施为期一个月的查封，并于 4 月 30 日向企业发出《行政决定书》，做出罚款 10 万元的行政处罚。随后，常熟市环保局根据《行政主管部门移送适用行政拘留环境违法案件暂行办法》的规定，向常熟市公安局移送该案件，对该企业的两名责任人员依法给予行政拘留 10 日的处罚。

（三）典型意义

该案环保法规应用充分，涉及新《环境保护法》《水污染防治法》《环境保护主管部门实施查封、扣押办法》《行政主管部门移送适用行政拘留环境违法案件暂行办法》，在对暗管排污违法企业进行罚款处罚的同时，对产生污染的生产设备进行了查封，更对责任人员实施了移送拘留，这对主观恶意性较强、相对严重但又构不成犯罪的环境违法行为的查处做出示范。

（四）办案指导

（1）"行政处罚"和"移送拘留"。目前环境违法适用移送拘留的依据主要是新《环境保护法》第六十三条，该条明确表述"依照有关法律规定予以处罚外由环保部门或其他有关部门将案件移送公安机关"。所以参考本案，环保部门发现适用行政拘留的违法问题时，也不能忽视行政处罚流程，调查、立案、处罚缺一不可，并应提高行政处罚工作效率，为行政拘留的实施提供材料和证据支持。

（2）直接负责人员初步判定。传统环保执法和行政处罚的对象是企业，而涉及行政拘留案件的拘留对象则是直接负责的主管人员和其他直接负责人员，这就要求前期环保部门调查、取证的同时，不能忽视对责任人员的初步判定和取证，可能的情况下应对其进行必要的调查询问，以防止拘留所需证据被人为破坏或缺失。至于判定标准，可以参考《行政主管部门移送适用行政拘留环境违法案件暂行办法》第九条所述。

六、"司法联动"案例

苏州市杰圣电子科技有限公司通过雨水排口超标排放含重金属废水而被追究刑事责任。

（一）基本案情

2013 年 9 月 4 日，苏州市环保局在突击执法检查中查实苏州市杰圣电子科技有限公司存在利用雨水排口排放含重金属的电镀废水至周边河道的环境违法行为。经监测，雨水排口排放水中化学需氧量、氨氮、总磷、总氰化物、总铜、总镍、总铬、总锌、六价铬等指标均超过国家规定的排放标准，特别是第一类污染物总镍、六价铬浓度分别为 18.6 mg/L、13.3 mg/L，分别超标 185 倍、132 倍，严重污染了环境。

（二）处理情况

9 月 13 日，苏州市环保局在取得江苏省环保厅对环境监测数据认可函后，将前期调查材料移送苏州市公安局，并配合公安、检察院进行后续调查。此外，针对案件当事人的多次狡辩，环保、公安组织深入调查进行核实、反驳，并借助行业专家力量，对证据进行补充和完善。

完成调查取证环节后，该案由姑苏区检察院提起公诉，并在姑苏区法院进行了公开开庭审理，当庭判决如下：被告单位及两名被告人犯污染环境罪，判处被告单位"罚金 15 万元"；被告人蒋某"有期徒刑一年六个月，罚金 1.5 万元"；被告人吴某"有期徒刑一年二个月，罚金 1 万元"。虽被告人蒋某不服判罚，提起上诉，但经苏州市中级人民法院审理，仍作出维持原判的终审判决。

与此同时，鉴于该企业无视环境安全和群众健康，屡次违法排污，苏州市环保局提请相城区政府对该企业依法予以关闭。

（三）典型意义

该案是最高人民法院和最高人民检察院（简称"两高"）《关于办理环境污染刑事案件适用法律若干问题的解释》出台后，苏州市环保局办理的第一起入刑案件，对于案件移送、联合调查等司法联动工作有一定探索和示范作用。且该案当事人违法行为隐蔽、偷排管网设计复杂、反侦察意识较强，并聘请律师为自己辩护，这都为案件的深入调查制造了不小的障碍。但通过环保、公安的协调配合，缜密调查，最终将违法事实固定，形成证据链，给予污染者应有惩罚。

面对企业违法排污，相对于行政处罚，惩处污染环境刑事犯罪带来的震慑效果更加明显，对淘汰落后产能、行业规范整治，责任主体环保意识提高都起到了推动作用。

（四）办案指导

（1）环境案件入刑"三要点"。根据《刑法》第三百三十八条[污染环境罪]，界定入刑标准应包括三方面的要点：一是违反国家规定，即当事人有违法包括环境保护法、水污染防治法等环保法律法规；二是排放、倾倒或者处置放射性、传染病病原体废物、有毒物质或其他有害物质，而有毒物质的认定标准在"两高"司法解释第十条中进行了详述；三是严重污染环境，这点由"两高"司法解释第一条列出 14 种情形来明确。

（2）须满足刑事案件"四要素"。一是主观，即当事人存在主观故意行为；二是客观，即发生了符合"两高"司法解释的"严重污染环境"14 种情形；三是主体，为新《环境保护法》第六十三条规定的直接负责的主管人员和其他直接责任人员，"直接负责的主管人员"是指违法行为主要获利者和在生产、经营中有决定权的管理、指挥、组织人员，"其他直接责任人员"是指直接排放、倾倒、处置污染物或者篡改、伪造监测数据的工作人员等；四是客体，为需要国家法律保护的自然环境、人身及财产权利。

（3）规范证据收集。刑事案件在证据收集方面相对行政案件要求更高。参考本案，证据收集过程中"三点"非常重要：一是确定采样点位和排放去向，以保证违法行为认定不容当事人质疑。二是水质分析比对，强化证据效力。如本案中雨水排口外排水与池塘水、前期排水与后期排水水质监测结果的比对有助于固定当事人主观故意违法排污的事实。而涉及冷却水排水污染环境的案件，排水与上水水质的比对也必不可少。三是固定作案方式，尽可能第一时间查明并记录当事人违法排污的操作方式，如涉水案中废水存放池、排水泵、管道、阀门等设施及其连接方式等。四是责任人初判，为后续刑事调查、审判提供第一手资料。

（4）公安提前介入。司法联动案件涉及行政执法与刑事司法间的"两法衔接"。而环保先行调查，形成材料移送，公安后续侦查的办案方式，因环保执法人员身份及侦查手段局限，存在错过案件最佳调查时间、证据被强行销毁、当事人逃逸等风险。为避免上述风险，环境污染案件调查有必要形成公安提前介入或组织联合执法的工作机制。对于重大环境污染等紧急情况、涉嫌环境污染犯罪责任人身份不易确定、有逃匿或者销毁证据可能的，公安机关应迅速介入，采取有效措施防止证据灭失。另外，对于单位涉嫌实施环境污染犯罪的，应当依法及时控制其直接负责的主管人员，固定相关证据，打开案件调查突破口。

（5）主观故意认定。根据《刑法修正案（八）》所述，当事人是否主观故意应是污染环境案件入刑的考量环节。办案过程中，环保部门应注意收集能在法庭证明当事人主观故意的证据，但实际却因时常遇到当事人推脱责任的语言和行为而无能为力。这就需要公安机关通过侦查讯问、证人旁证等环节更多承担当事人主观故意判定的任务。而环境保护部门应立足自身业务和技术特点，以证实企业违法排污、污染环境行为客观存在为侧重点。从环保部门的日常实践看，主观故意可以从以下方面进行认定：一是"两高解释"第一条"两年内曾因违反国家规定，排放、倾倒、处置有放射性的废物、含传染病病原体的废物、有毒物质受过两次以上行政处罚，又实施前列行为的"；二是通过私设暗管、渗井、渗坑、灌注、稀释排放、在雨污管道分流后利用雨水管道排放、不经处理设施直接排放、不经法定排放口、不正常运行防治污染设施或者采取其他规避监管的方式排放污染物的；三是当事人明知会产生污染环境的后果而不采取相应处理措施，造成环境污染的。

（6）借助专家力量。案件调查可以借助专家力量，对当事人企业治污设施状况、达标排放可能、工艺技术水平、水量平衡、污染物特征因子来源等进行专业分析，形成可供环保、公安、检察院、法院参考的专家意见，为核实当事人环境违法行为提供技术支持。

新《环境保护法》实施以来我市查处的
两个典型案件剖析

安徽省蚌埠市环境保护局 陈克亚

摘 要：新环保法的实施加大了对环境违法行为的惩戒力度。安徽发生过多次跨界倾废，在实施移送行政拘留案件和涉嫌环境污染犯罪案件时，需要环境保护部门高度重视，并与公安部门联合办案。针对现实中的问题，需建立部门协作机制并实施环境公益诉讼。

关键词：水污染防治法 非法处置 危险废物

新《环境保护法》实施以来，我市进一步加大环境监察和执法力度，行政处罚和移交司法处理案件明显上升。通过查办，有效地遏制了环境违法行为，起到了查处一小批，教育一大批的震慑和警示作用，得到人民群众和社会各界的支持和肯定，同时，树立了环保工作威信，提升了环保工作地位，开创了环保工作新局面。下面，对我市查办的两个典型案件进行剖析。

一、蚌埠大成食品有限公司怀远分公司逃避监管排放水污染物案件

（一）案情分析

2015年1月23日，我局接到我市淮上区梅桥乡政府举报，反映有人使用槽罐车运输污水，倾倒在该乡胡口村附近耕地内。我局执法人员立即赶赴现场进行调查。现场初步查证：废水倾倒人吕光兵和吕帅是我市怀远县荆芡乡禹王村村民，

两人受同村村民杨传勇指使，使用农用车改装的罐车，2015 年 1 月 21—23 日，从蚌埠大成食品有限公司怀远分公司非法设置的废水池内抽运废水，运至梅桥乡胡口村附近耕地内杨传勇开挖的土坑内渗排，土坑长约 50 m，宽约 3 m，深约 1.5 m，未设置防渗措施。两天共倾倒了含泥废水约 20 t，倾倒废水经市环境监测站监测，水质 COD 浓度为 642 mg/L，水质氨氮浓度为 92.4 mg/L。

2015 年 1 月 30 日和 2 月 3 日，我局对蚌埠大成食品有限公司怀远分公司和废水倾倒策划人杨传勇进行了调查。经查，蚌埠大成食品有限公司怀远分公司（以下简称"大成公司"）与杨传勇签订污泥处置协议，委托杨传勇处置污泥。由于大成公司污泥压滤设施长期不运行，污泥和废水无法分开，杨传勇就指使吕光兵和吕帅在处置时，连泥带水全部抽入农用车改装的罐车，直接运输至梅桥乡胡口村附近耕地内人工开挖的土坑内渗排。杨传勇在外运含有污泥废水时，大成公司污水处理站相关人员和门卫均知道，有关工作人员在污泥转运单上均签字确认，大成公司工务科科长范爱民也承认公司内有人安排杨传勇外运污泥，且知道外运污泥时连同废水一并外运。

（二）处理处罚情况

大成公司在委托杨传勇处置污泥时，在明知污泥和废水未分离，明知杨传勇处置污泥时是连同废水一并处置的情况下，仍然委托杨传勇非法处置废水，造成杨传勇采取坑渗这一逃避监管的方式排放水污染物。此行为违反了《水污染防治法》第二十二条第二款的规定。我局在查处该企业时，同时发现企业存在不正常使用水污染治理设施、污泥露天堆放污染周边环境等环境违法行为，对该企业不同环境违法行为合并处罚了 332 456 元。

依据《水污染防治法》第六十三条第三项和《行政主管部门移送适用行政拘留环境违法案件暂行办法》的规定，我局在实施行政处罚后，将依法移送公安部门。淮上区公安分局经过调查，对杨传勇、吕光兵和吕帅分别处以 10 日的行政拘留。

二、山东省临沂市河东区东兴电镀中心跨省倾倒电镀污泥案

（一）案情分析

2015 年 9 月 18 日上午，我局接待群众来访，反映有挂山东牌照的大货车运输工业污泥，倾倒至怀远县龙亢镇、褚集镇及蒙城双涧集周边地区的农田中。我局高度重视，立即会商市公安局，启动环境案件联合查办工作机制，市公安局民警和我局执法人员立即赶赴怀远县龙亢镇实地调查。在龙亢镇，执法人员逐车排查了 2 小时，在怀远县龙亢镇大宏停车场内，发现四辆平板大货车上装满包装的不明污泥约 130 t。污泥颜色、性状和气味类似电镀污泥，我局执法人员立即配合公安机关暂扣了涉事车辆。当日我局环境监测部门对货车上的污泥采样初步分析，该污泥中含有大量的铬、镍、锌和铜。

2015 年 9 月 19 日上午，我局召开了涉嫌跨地区倾倒危险废物案件专题会，决定立即向公安部门移送；向省环保厅报告并委托第三方有资质的单位对四辆货车上的污泥进行进一步监测；对案件深入调查。当日上午，我局已将案件移送至市公安局，请其立案侦查。安徽华测检测技术有限公司对四辆货车上的污泥进行了采样检测。2015 年 9 月 19 日下午，我局执法人员在投诉人的指引下，在怀远县双桥集镇崔小李村周边农田一小水塘内，发现倾倒有大量包装物与查扣车辆运输物一样包装物的污泥，数量约 100 t，证实这是一起跨省界运输危险废物案。公安部门接到我局移送案件后，指派怀远县公安局负责侦破此案，怀远县公安局迅速控制了异地危险废物联系人马路、危险废物倾倒填埋人尚元东、孙飞飞等人，并通过侦查和审讯，证实倾倒填埋至我市怀远县境内、亳州市蒙城县境内以及目前暂扣的四辆大货车运输的电镀污泥，均从临沂市河东区东兴电镀中心固体废物仓库中装运的。

2015 年 10 月 20 日，我局配合公安部门前往山东临沂，在临沂市河东区东兴电镀中心外围开展相关取证工作，并在临沂市环保局调阅了《临沂市河东区东兴电镀中心改造工程环境影响报告书》（固体废弃物处理及影响分析章节）、《关于临沂市河东区东兴电镀中心改造工程环境影响报告书的批复》（临环发〔2007〕256

号)和《临沂市河东区东兴电镀中心 2015 年危险废物管理计划及备案材料》等文件资料,固定了电镀污泥是危险废物这一关键证据。当日,我局执法人员配合公安部门逮捕了临沂市河东区东兴电镀中心总经理蒲建堂,关键证据收集和关键嫌疑人的到案是该案的重大突破,使得案件逐渐明朗。随后我局执法人员配合公安机关二次前往山东临沂,查实了东兴电镀中心危险废物管理人员孟德君的环境犯罪行为,公安机关随后实施了网上追逃,嫌疑人孟德君迫于压力投案自首。在办理此案的同时,公安机关根据线索还侦查到有部分危废是从新华电子零件(昆山)有限公司运往我市倾倒的案中案。2016 年 1 月 14 日,我局配合公安机关前往昆山市,在昆山市环保局调阅了《新华电子零件(昆山)有限公司扩建机械塑料加工零件项目环境影响报告表》《昆山市环保局对〈新华电子零件(昆山)有限公司扩建机械塑料加工零件项目环境影响报告表〉的审批意见》(昆环建〔2010〕2987号)《〈新华电子零件(昆山)有限公司年产各类插件 5 亿只项目建设项目〉环境保护验收申请报告》《新华电子零件(昆山)有限公司危险废物管理计划〈网上截图〉》《新华电子零件(昆山)有限公司 2015 年危险废物转移联单》等文件资料。文件资料证明新华电子零件(昆山)有限公司生产过程中产生 HW46 类危险废物(电镀污泥)。昆山企业犯罪嫌疑人李衡也已被公安机关控制。

(二)处理处罚情况

根据犯罪嫌疑人交代,山东临沂市和江苏昆山市的电镀污泥分别倾倒填埋至我市怀远县双桥集镇刘碾村、双桥集镇大祝村、徐圩乡尚庙窑厂和亳州市蒙城县立仓镇窑厂四个区域,连同暂扣的四辆大货车上尚未填埋的危险废物,约有近 1 000 t 危险废物从山东运至我省非法处置。我局和怀远县环保局多次与山东临沂和昆山沟通,在三地环保部门的协调下,我局和怀远县环保局全程监督填埋危险废物的清理工作,连同受污染的土壤和废水,山东临沂东兴电镀中心从我省清理运走危险废物约 2 000 t,并按土壤污染修复规范,对我市倾倒地的生态环境进行治理和修复。

2016 年 4 月 14 日,我市怀远县法院公开开庭审理此案,怀远县法院审理认为,6 人违反国家规定,擅自倾倒、处理含有重金属成分属于危险废物的电镀污泥,严重污染环境,构成环境污染罪。蒲某某因犯环境污染罪,被判处有期徒刑

2 年 4 个月，并处罚金 8 万元；马某某判处有期徒刑某 2 年 2 个月，并处罚金 7 万元；尚某某、邵某某及耿某某等 4 人，分别判处有期徒刑 9 个月至 1 年 8 个月，并处以 1 万元至 5 万元的罚金。

三、工作体会

（一）环保部门高度重视，认真对待信访是案件的基础

我局在办理梅桥乡倾倒废水案时，高度重视信访投诉，第一时间安排执法人员会同淮上区共同查处，迅速锁定关键证据。在办理山东临沂倾倒危险废物案件时，我局安排专业技术人员，连续排查龙亢镇过境和停驻货车约 2 小时，逐车检查，不放过任何蛛丝马迹，最终发现运输污泥的车辆；同时环保部门执法人员根据举报人有限的线索，徒步在怀远县村庄农田内寻找倾倒的危险废物，历经 5 小时，终于发现一处倾倒点，锁定此案为异地倾倒危险废物案。

（二）对于重大案件，要形成各级环保部门联合查办机制

对于重大案件，市局不能简单交办县、区环保部门，要全程指导或参与案件的办理。作为新环保法实施以来我市首个行政拘留案件，我市没有将此案简单交由辖区环保局独立查处，而是从市局抽调业务骨干组成专案组，负责案件的调查取证，迅速固定了很多关键证据，比较顺利地完成了案件的移送。

（三）公安部门迅速介入，是案件查实侦破的必要条件

我局与公安部门和检察机关联合制定了环境案件联合查办工作机制，一直有着很好的合作办案关系。废水倾倒案件中公安机关第一时间控制了倾倒车辆和嫌疑人，为案件办理打下了坚实的基础。在危险废物倾倒案件中，公安部门接我局通报后，立即安排干警配合我局查处，在发现嫌疑货车后，采取强制措施暂扣固定了相关证据。单靠环境执法人员无法阻止车辆逃逸，如嫌疑货车逃逸，将导致此案关键证据灭失，严重影响案件办理。在案件办理中，检察机关也多次协调指导，有效推动了案件的侦破。

（四）危险废物有效认定，是案件办理的关键因素

危险废物的认定是此案是否涉及刑事案件的关键因素，也往往会导致公安机关不接受此类案件或关键证据的灭失。在不知道危险废物属性的前提下，通过检测很难迅速地认定危险废物，而公安机关采取强制措施的前提是倾倒危险废物涉及刑事案件。在检测方法无法有效认定的情况下，我局积极配合公安机关，两次前往山东临沂，1 次前往江苏昆山，从当地环保部门调取了大量的支撑材料，认定了运输至我市倾倒的固废属于危险废物，为公安机关办案提供了关键因素。

（五）环保部门被追责问责，在一定程度上阻碍案件的办理

环保部门严厉的追责问责制度，导致涉嫌倾倒危险废物当地企业的环保监管部门，在配合和帮助办案中存在抵触情绪，影响证据材料的调查。我局在前往山东临沂和江都昆山环保部门调取相关资料认定危险废物属性时，都遇到较大阻力，都是公安机关办理了证据调取通知单后，当地环保部门才勉强同意调取了相关资料。企业的环境违法行为带来的后果，不能让环保监管部门承担，应正确看待监管与被监管方之间的责任。

（六）受害地的环保部门，往往要承担较大的压力

作为危险废物倾倒案件当地的环保部门，在此类案件中要承担较大的压力，如应该如何有效地配合公安机关办案，如何配合当地政府做好群众的维稳工作，如何监督责任单位做好污染物的清理工作等，任何工作都不能马虎放松，生怕哪项工作没做好，被检察机关、政府或上级环保部门追责。

（七）经济发达地区严监管，导致危废转移至欠发达地区

新环保法实施以来，我市发生多起危险废物和一般固废跨省转移案件，如山东临沂和江苏昆山危险废物倾倒、浙江平湖跨省转移一般固废和江苏转移固废案。经济发达地区环境监管力度大，企业合法处置危险废物和一般固废的成本加大，导致少部分企业在高额利益的驱使下，与欠发达地区的农民或者当地黑恶势力勾结，导致跨区域非法处置危险废物和一般固废频发。

四、工作建议

（一）形成各级环保部门之间的联动机制，有效遏制固体废物异地转移非法处置

环保部门联动机制缺失，尤其是省与省之间、市与市之间、县与县之间的联合办案机制缺乏。危险废物跨区域非法处置一般涉及刑事犯罪，公安机关介入后的强制手段和措施很多，且公安机关跨区域部门之间本身就有联合办案机制，一般涉及危险废物的案件很快能够查处。如涉及一般固废案件，没有公安机关的介入，由于转出地环保部门的不配合，转入地环保部门很难迅速查处案件，往往不了了之。

（二）尽快完善环境公益诉讼相关管理制度，有效利用第三方追责环境污染肇事方

我国的环境公益诉讼还在起步阶段，环境损害鉴定的机构资质问题以及环境资源庭的法官的专业能力问题也是不容忽视的。一些重大的环境污染，往往发生在落后的偏远地区，这些地方的法治水平相对落后，对环境鉴定敬而远之，环境鉴定的缺失往往影响环境公益诉讼的开展。

某食品厂因超标排放水污染物
整改不到位被实施按日连续处罚案

山东省泰安市环境保护局   泰平安

摘　　要：对超过国家或者地方规定的污染物排放标准违法排放污染物受到处罚，被责令改正而又拒不执行的行为，可以实施按日连续处罚。在实施按日连续处罚时应注意：非主观故意亦可构成"拒不改正"；企业积极整改并不能减轻处罚；达标天数在连续处罚中不予扣除；企业经济困难不能减免处罚。

关键词：环境行政处罚　按日连续处罚

一、案件调查及陈述申辩情况

泰安市某食品加工厂因 2016 年 3 月 24 日外排废水氨氮超标 0.92 倍，被市环保局处以应缴排污费的 5 倍，即 1.418 92 万元罚款，并被责令立即改正违法排污行为，告知其 30 日内开展复查以及拒不改正将承担的后果。2016 年 4 月 18 日市环保局进行复检时该厂外排废水氨氮超标 0.25 倍。为此，市环保局以"涉嫌拒不改正超标排放污染物行为"为由对当事人进行了立案查处，在听证和陈述申辩阶段，当事人提出以下四个问题：

（1）企业承认存在超标违法行为，但不应属"拒不改正"范畴，其理由是企业积极整改，投资 23 万元对治污设施进行了升级，但由于仍处于调试阶段，出现了小幅超标现象，没有主观故意，不属"拒不改正"。

（2）根据《环境行政处罚办法》第六条第（六）项"当事人改正违法行为的态度和所采取的改正措施及效果"的裁量原则，要求从轻处罚。

（3）环保部门计算的连续处罚计罚期间为 18 天，但期间企业曾停产 4 天，并提供了公司产量报表及电费使用记录，要求扣除停产天数。

（4）企业经济困难，近期所在养殖加工行业效益下滑严重，要求免除处罚。

二、案件处理情况

2016 年 5 月 10 日，市环保局以办公会形式对案件进行了集体研究，决定对当事人的陈述申辩意见不予采纳。以拒不改正违法排污行为对该公司实施按日连续处罚，共罚款 25.540 56 万元。其中，原处罚数额 1.418 92 元，按日计罚天数 18 天。《行政处罚决定书》送达环节，市环保局就未采纳原因向当事人作了解释。企业申请分两期缴纳罚款，市环保局依法同意其申请，并向有关部门作了备案。目前，企业已缴清原罚款及一期罚款 14.189 2 万元，二期罚款 12.770 28 万元企业承诺 2016 年 7 月 31 日前缴纳。

三、案件点评

《环境保护法》第五十九条增加了"按日连续处罚"制度，环境保护部《环境保护主管部门实施按日连续处罚办法》对适用范围和程序作了细化完善，对"超过国家或者地方规定的污染物排放标准，或者超过重点污染物排放总量控制指标排放污染物的；通过暗管、渗井、渗坑、灌注或者篡改、伪造监测数据，或者不正常运行防治污染设施等逃避监管的方式排放污染物的；排放法律、法规规定禁止排放的污染物的；违法倾倒危险废物的；以及其他违法排放污染物行为"可以实施按日连续处罚。结合本案，我们有以下认识。

（1）非主观故意亦可构成"拒不改正"。从字面上看，"拒不改正"看似态度问题。本案中当事人主观上不想超标受罚，也采取了一定补救措施。但事实上，一些单位因治污设施能力不足，长期处于临界状态，平时不舍得花钱治理，被发现排污违法时一味强调没时间整改，心存侥幸、放任超标是出现这类问题的典型心态。达标、不超总量排放等是企业基本的环保要求，是企业生存的"红线"，因此符合《环境保护主管部门实施按日连续处罚办法》第十三条所列情形的即可认定为"拒不改正"。

（2）企业积极整改尚不能减轻处罚。案例中，企业超标倍数从 0.92 倍下降到 0.25 倍，应当说整改是有效的。集体审议过程中也出现两种意见，一种意见认为，受生产工艺和产量等影响，企业排污具有波动性，取样时可能采到波峰，也可能采到波谷，过多考虑超标倍数会助长企业侥幸心理，也会增加执法成本；另一种意见认为，随着在线监测等技术的应用，取得精确超标倍数已不成问题，如能适当考虑这项因素，则既符合自由裁量要求，也有利于企业整改。鉴于本案实际情况，市环保局采纳了第一种意见。

（3）达标天数在连续处罚中不予扣除。"环函〔2015〕232 号"明确规定"停产停业或达标排放天数均不能从计罚日数中扣除"，旨在通过加大违法成本，扭转"违法成本低、守法成本高"的问题。

（4）企业经济困难不能减免处罚。《行政处罚法》和《环境行政处罚办法》均以"过罚得当"作为案件处理的基本原则，对违法者的处罚只能以事实为依据、以法律为准绳。严格环境执法，倒逼企业转型。《环境行政处罚办法》第六十四条规定，"确有经济困难，需要延期或者分期罚款的，当事人应当在行政处罚决定书确定的缴纳期限届满前，向作出行政处罚决定的环境保护主管部门提出延期或者分期缴纳的书面申请"。"批准当事人延期或者分期缴纳罚款的，应当制作同意延期（分期）缴纳罚款通知书，并送达当事人和收缴罚款的机构。延期或者分期缴纳的最后一期缴纳时间不得晚于申请人民法院强制执行的最后期限。"市环保局根据当事人申请，同意其 2016 年 7 月 31 日前分 2 期缴纳罚款，并向市财政局、市监察局备案。

四、思考和建议

（1）本案提醒所有排污单位，环境排放标准是条红线，不能稳定达标的要及早治理，因超标等受到处罚的必须严格执行环保部门责令整改决定。

（2）在是否实施按日连续处罚与是否执行自由裁量问题上，建议从立法层面作出规定，避免执法"一刀切"，更好地发挥该条款警示与教育并重的效果。

湖北省荆州市某科技发展有限公司采取规避监管的方式违法排放水排污物移送行政拘留案

湖北省荆州市环境保护局　谭震生

摘　要：以规避监管的方式违法排放水排污物，县级以上人民政府环境保护主管部门除依照有关法律法规规定对其予以处罚外，还要将案件移送公安机关，追究直接负责的主管人员和其他直接责任人员的责任。

关键词：规避监管　违法排放水排污物　拒不改正　移送行政拘留

一、基本案情与审理过程

2014 年 11 月以来，湖北省荆州市开发区排江泵站污染源在线监测数据持续显示 pH 值超标异常，泵站蓄水池内废水呈强酸性。两台水泵中，有 1 台遭受酸性污水严重腐蚀，已不能正常运转。致使排江工程所排污水超标，造成恶劣影响。发现异常后，荆州市环境保护局和荆州市环保局环境监察支队高度重视，立即制定排查方案，组织专班对排江工程沿线所有排污企业进行监察。通过环境监察执法人员不分昼夜地全面摸排，掌握了排江泵站及管网内污水超标的基本规律，并锁定湖北省荆州市某科技发展有限公司（以下简称"该公司"）为此次污染事件的真正"元凶"。并于 2014 年 11 月两次抓住该公司偷排高浓度含酸废水的违法行为。现场采样监测结果表明，其外排废水呈强酸性，氟化物严重超标。同时，在 2015 年 1 月 15 日的排查过程中再一次锁定"该公司"利用雨水排放口排放含酸含氟污染物，并进入排江工程的违法事实。

湖北省荆州市环境保护局依照法律程序对该公司下达了《责令改正违法行为

决定书》（荆环法〔2015〕11 号）、《行政处罚事先告知书》（荆环罚告〔2014〕2 号）和《行政处罚决定书》（荆环法〔2015〕10 号），责令该公司限期拆除排放水污染物的雨水管道、罚款 4 万元，鉴于该公司在规定的期限内未改正违法排污行为，荆州市环境保护局根据《环境保护法》第六十三条第三款的规定将案件移送公安机关。荆州市公安局治安支队行动大队受理后，经审查同意立案，在下达《荆州市公安局行政处罚决定书》（荆公（治）行决字〔2015〕4 号）后，该公司法人代表吴某某被公安机关行政拘留 15 日，现已执行完毕。同时，因该公司在规定的期限内未拆除排放水污染物的雨水管道，荆州市环境保护局依据《水污染防治法》第七十五条第二款的规定对该公司下达了《责令停产整治决定书》（荆环法〔2015〕25 号）、《行政处罚听证告知书》（荆环法〔2015〕23 号）、《行政处罚决定书》（荆环法〔2015〕81 号），责令该公司停产整治，罚款 30 万元。目前，该公司已拆除排放水污染物的雨水管道，并按照荆州市环境保护局的要求停产整治，缴纳罚款 34 万元，本案已执行完毕。

二、案件涉及的法律问题

（一）违法行为的认定

2014 年 11 月以来，针对该公司的偷排行为，我们先后 7 次对该公司法人进行调查询问，但其拒不承认偷排事实。该公司负责人狡辩为系"操作失误"造成，难道三次都是所谓的"失误"造成的吗？根据我们多次对该公司雨水排口、杨场渠排口及排江工程内的废水监测结果表明，其 pH 值最低显示为 0.1，氟化物最高超标超过《污水综合排放标准》（GB 8978—1996）表 4 中的第二类污染物排放限值的 186 倍。

该公司上述违法行为符合《环境保护法》第六十三条第四款"通过暗管、渗井、渗坑、灌注或者篡改、伪造监测数据，或者不正常运行防治污染设施等逃避监管的方式违法排放污染物的"和《水污染防治法》第七十五条第二款"除前款规定外，违反法律、行政法规和国务院环境保护主管部门的规定设置排污口或者私设暗管的，由县级以上地方人民政府环境保护主管部门责令限期拆除，处二万元以上十万元以下的罚款；逾期不拆除的，强制拆除，所需费用由违法者承担，处十万元以上五十万元以下的罚款；私设暗管或者有其他严重情节的，县级以上地方人民政府环境保护主管部门可以提请县级以上地方人民政府责令停产整顿"的情形，应承担相应的法律责任。

（二）处罚措施的适用

对于上述违法行为，荆州市环境保护局依据《环境保护法》第六十三条第四款规定，"企业事业单位和其他生产经营者有下列行为之一，尚不构成犯罪的，除依照有关法律法规规定予以处罚外，由县级以上人民政府环境保护主管部门或者其他有关部门将案件移送公安机关，对其直接负责的主管人员和其他直接责任人员，处十日以上十五日以下拘留；情节较轻的，处五日以上十日以下拘留；通过暗管、渗井、渗坑、灌注或者篡改、伪造监测数据，或者不正常运行防治污染设施等逃避监管的方式违法排放污染物的"，将该公司第一次违法行为的案件移送荆州市公安局治安支队行动大队。

对于该公司采取规避监管的方式利用雨水管道排放水污染物的行为，荆州市环境保护局根据《水污染防治法》第二十二条第二款"禁止私设暗管或者采取其他规避监管的方式排放水污染物"和《水污染防治法》第七十五条第二款"除前款规定外，违反法律、行政法规和国务院环境保护主管部门的规定设置排污口或者私设暗管的，由县级以上地方人民政府环境保护主管部门责令限期拆除，处二万元以上十万元以下的罚款；逾期不拆除的，强制拆除，所需费用由违法者承担，处十万元以上五十万元以下的罚款；私设暗管或者有其他严重情节的，县级以上地方人民政府环境保护主管部门可以提请县级以上地方人民政府责令停产整顿"的情形，应承担相应的法律责任，第一次下达了《责令改正违法行为决定书》（荆环法〔2015〕11号）、《行政处罚事先告知书》（荆环罚告〔2014〕2号）和《行政处罚决定书》（荆环法〔2015〕10号）等相关法律文书。

对于该公司在荆州市环境保护局下达《责令改正违法行为决定书》（荆环法〔2015〕11号）后，逾期不拆除排放水污染物的雨水管道的行为，根据《环境保护法》第六十条"企业事业单位和其他生产经营者超过污染物排放标准或者超过重点污染物排放总量控制指标排放污染物的，县级以上人民政府环境保护主管部门可以责令其采取限制生产、停产整治等措施；情节严重的，报经有批准权的人民政府批准，责令停业、关闭"和《水污染防治法》第七十五条第二款"除前款规定外，违反法律、行政法规和国务院环境保护主管部门的规定设置排污口或者私设暗管的，由县级以上地方人民政府环境保护主管部门责令限期拆除，处二万元以上十万元以下的罚款；逾期不拆除的，强制拆除，所需费用由违法者承担，处十万元以上五十万元以下的罚款；私设暗管或者有其他严重情节的，县级以上地方人民政府环境保护主管部门可以提请县级以上地方人民政府责令停产整顿"的情形，应承担相应的法律责任，荆州市环境保护局下达了《责令停产整治决定书》（荆环法〔2015〕25 号）、《行政处罚听证告知书》（荆环法〔2015〕23 号）、《行政处罚决定书》（荆环法〔2015〕81 号）等相关法律文书。上述两次行政处罚罚款金额 34 万元均已缴纳。

三、本案启示

自 2015 年 1 月 15 日 4 时该公司停止违法排污行为以来，16 日排江工程泵站在线监测数据显示 pH 值数据明显改观，17 日至今，泵站 pH 值始终维持在 6～9 之间，已恢复正常达标排放。上述环境监测数据充分表明，排江泵站持续 pH 超标的问题与该公司的偷排行为存在直接关联。环境监察人员不分昼夜，认真排查、取证的态度是完成本案的关键。

鉴于该公司长期存在利用雨水管道排放水污染物的行为，公安机关按违法情节严重判定对该公司法人吴某某实施行政拘留 15 日的决定。

针对此类采取规避监管的方式利用雨水管道排放水污染物的行为，环境保护执法部门可以依据《行政主管部门移送适用行政拘留环境违法案件暂行办法》第七条第（一）项和《环境保护法》第六十三条第（三）项的规定，将案件移送公安机关，对其直接负责的主管人员和其他直接责任人员实施拘留。

本案可能会被误读为"一事两罚"，但《水污染防治法》第七十五条第二款的明确规定，为本案奠定了基础。

肇庆巨元生化有限公司超标排放水污染物
拒不改正被二次按日连续处罚案

广东省肇庆市环境保护局 牟方令

摘 要：肇庆巨元生化有限公司废水超标，肇庆高新区环保局依法对其罚款2221.45元并责令改正，之后进行复查时，废水仍处于超标状态，该局依法实施按日连续处罚，处以罚款人民币46650.45元的行政处罚。第二次复查时，废水仍处于超标状态，该局继续对其实施按日连续处罚，处以罚款人民币19993.05元的行政处罚。

关键词：水污染物超标 拒不改正 按日计罚

一、基本案情与审理过程

根据肇庆高新技术产业开发区环境保护监测站2016年2月22日出具的监督监测报告[（肇高）环境监测（SJD）字（2016）第022201号]，2016年2月17日肇庆巨元生化有限公司污水排放口（WS-00036）的总磷排放浓度为3.66 mg/L，超出排放标准6.32倍。肇庆高新区环保局于2016年2月24日向该公司送达《责令改正违法行为决定书》（肇高环违改字〔2016〕4号）责令该公司"自接到决定书当日起立即停止超标排放污染物的行为"，2016年3月28日以《行政处罚决定书》（肇高环罚字〔2016〕5号）对该公司处以人民币2221.45元罚款。

2016年3月16日，肇庆高新区环保局执法人员对该公司进行复查。根据肇庆高新技术产业开发区环境保护监测站3月30日出具的监督监测报告 [（肇高）环境监测（SJD）字（2016）第033001号] 显示，该公司3月16日污水排放口的总磷排放浓度为 1.79 mg/L，超出排放标准2.58倍，化学需氧量排放浓度为

250 mg/L，超出排放标准 1.78 倍。即该公司存在被责令改正，拒不改正的行为。以上违法事实，有 2016 年 2 月 17 日肇庆高新区环境保护局现场检查笔录和调查询问笔录，2016 年 4 月 1 日的肇庆高新区环境保护局现场检查笔录和调查询问笔录，以及照片、录像等材料为证。

结合该公司的生产规模、违法排放污染物行为对周边环境影响情况及违法相对人按要求整改等情况，肇庆高新区环保局经重大行政处罚案件审理委员会集体审议，根据《环境保护法》第五十九条第一款、《环境保护主管部门实施按日连续处罚办法》（环境保护部令第 28 号）第五条第（一）项、第十七条和第十九条的规定，对该公司实施按日连续处罚。计罚时间从《责令改正违法行为决定书》（肇高环违改字〔2016〕4 号）送达之日的次日（2016 年 2 月 25 日）起至复查进行环境监测发现该公司仍然未改正超标排放的违法行为之日（2016 年 3 月 16 日）止，共 21 天。肇庆高新区环保局于 2016 年 6 月 14 日对该公司作出处以人民币 46 650.45 元罚款的行政处罚决定（肇高环罚字〔2016〕11 号）。

2016 年 4 月 14 日 14 时 23 分和 23 时 40 分，肇庆高新区环保局执法人员对该公司再次进行复查。根据肇庆高新技术产业开发区环境保护监测站 5 月 17 日出具的监督监测报告[（肇高）环境监测（SJD）字（2016）第 051703 号、（肇高）环境监测（SJD）字（2016）第 051704 号]显示，2016 年 4 月 14 日 14 时 23 分，该公司污水排放口的化学需氧量排放浓度为 119 mg/L，超出排放标准 0.32 倍；2016 年 4 月 14 日 23 时 40 分，该公司污水排放口的总磷排放浓度为 5.88 mg/L，超出排放标准 10.76 倍，化学需氧量排放浓度为 505 mg/L，超出排放标准 4.61 倍，即存在被责令改正仍拒不改正，继续违法排放污染物的行为。以上违法事实，有 2016 年 5 月 19 日肇庆高新区环境保护局现场检查笔录和调查询问笔录，以及照片、录像等材料为证。

结合该公司的生产规模、违法排放污染物行为对周边环境影响情况及违法相对人按要求整改等情况，肇庆高新区环保局经重大行政处罚案件审理委员会集体审议，根据《环境保护法》第五十九条第一款、《环境保护主管部门实施按日连续处罚办法》（环境保护部令第 28 号）第五条第（一）项、第十七条和第十九条的规定，对该公司实施按日连续处罚。计罚时间从《责令改正违法行为决定书》（肇高环违改字〔2016〕12 号）送达之日的次日（2016 年 4 月 6 日）起至复查进行环境监测发现该公司仍然未改正超标排放的违法行为之日（2016 年 4 月 14 日）止，共 9 天。肇庆高新区环保局于 2016 年 6 月 24 日对该公司作出处以人民币 19 993.05 元罚款的行政处罚决定（肇高环罚字〔2016〕13 号）。

二、案件涉及的法律问题

（一）违法行为的认定

本案中肇庆巨元生化有限公司 2016 年 2 月 17 日污水排放口总磷排放浓度超标 6.32 倍的违法行为违反了《水污染防治法》第九条"排放水污染物，不得超过国家或者地方规定的水污染物排放标准和重点水污染物排放总量控制指标"的规定。2016 年 3 月 16 日和 4 月 14 日对该公司前后两次进行复查，废水排放口废水中的化学需氧量和总磷浓度依然超标，即构成"被责令改正仍拒不改正违法排放污染物"的环境违法行为。

依据《环境保护法》第五十九条第一款，《环境保护主管部门实施按日连续处罚办法》（环境保护部令第 28 号）第五条第（一）项、第十七条和第十九条的规定，肇庆高新区环保局对该公司两次实施按日连续处罚，分别处以人民币 46 650.45 元和 19 993.05 元的行政罚款。

（二）合理的自由裁量

参照《环境保护主管部门实施按日连续处罚办法》执行。计罚时间从《责令改正违法行为决定书》送达之日的次日起至复查进行环境监测发现该公司仍然未改正超标排放的违法行为之日止的累计天数；而按照按日连续处罚规则决定的罚款数额，为原处罚决定书确定的罚款数额乘以计罚日数。

三、本案的启示

对于污染物不能稳定达标排放的企业，监管部门就可以充分利用按日计罚等新环保法及其配套办法新措施，来督促企业进行彻底整改，达到稳定达标排放。此案通过连续两次实施按日计罚，督促企业及时进行整改，真正发挥了按日计罚的效力。

新旧法交替中"未批先建"环保违法
建设项目适用法律分析

四川省巴中市环境保护局 蒲 浪 刘永涛

摘 要：新《环境保护法》已于 2015 年 1 月 1 日正式施行，该法第六十一条规定，建设单位未依法提交建设项目环境影响评价文件或者环境影响评价文件未经批准，擅自开工建设的，由负有环境保护监督管理职责的部门责令停止建设，处以罚款，并可以责令恢复原状。也就是说，从这日起，《环境影响评价法》第三十一条中"限期补办手续"的规定自动失效。在新旧法律交替中，当新旧法律的条文规定不一致时，对清查处理已有和新建环保违法违规建设项目，应当如何适用法律？许多在旧法施行期间，依据《环境影响评价法》第三十一条查处"未批先建"的违法行为，尚未被完全处理，延续到新法施行后，甚至是时至今日，究竟是适用旧法还是适用新法，成为各级环保部门在行政管理工作中不可避免要遇到的问题。

关键词：环境保护法 新旧交替 未批先建 建设项目 适用分析

一、案情

2015 年 4 月 29 日上午 10 点 13 分，某县环保局接到群众投诉，反映位于该县城区的 B 建筑工地在进行土石方开挖施工作业时产生的噪声和大量粉尘对周围居民的生活环境造成了严重影响，要求县环保局迅速查处。接到投诉后，县环保局立即派出 3 名环境监察执法人员前往现场处理。经执法人员进一步详细调查了解到，群众投诉的 B 建筑工地目前进行开挖土石方施工作业的正是该项目的建设单位 A 房地产开发有限公司（以下简称"A 公司"）。执法人员同时查明，由 A 公司开发建设的 B 房地产开发建设项目（以下简称"B 项目"）未依法向县环保部门报批环境影响评价文件，擅自于 2014 年 12 月上旬开工建设。

就本案问题，县环保局行政处罚案件审查委员会召开专门会议，认为 A 公司未按国家规定向环保部门报批环评文件擅自开工建设，决定根据《环境影响评价法》第三十一条的规定，责令 A 公司开发建设的 B 项目停止建设，限期补办手续；如逾期不补办手续，将对 A 公司实施行政处罚。

二、分歧

就此问题，大家认为此案不仅属于典型的"未批先建"违法项目，而且 A 公司是在向刚刚实施的新《环境保护法》挑战，应当从严处理。在此案的审议过程中，相关执法人员对本案在法律适用问题上产生了较大争议。

第一种意见认为，应当仍然适用《环境影响评价法》第三十一条的规定，责令由 A 公司开发建设的 B 项目停止建设，限期补办手续；逾期不补办手续的，可以对 A 公司处五万元以上二十万元以下的罚款。其理由是，在对违反环评制度的处理问题上，新《环境保护法》第六十一条的规定比《环境影响评价法》第三十一条的规定较重。根据"法不溯及既往"的原则规定，如果环保部门在新《环境保护法》实施后对该法实施前的违法行为进行处罚显然是不合理的。这也不符合"法不溯及既往"原则精神，因此，本案应当适用《环境影响评价法》第三十一条进行查处。

第二种意见认为，可以适用新《环境保护法》第六十一条规定，责令由 A 公司开发建设的 B 项目停止建设，并对 A 公司处以罚款。其原因是，即使新《环境保护法》对颁布前发生的行为不产生效力，但 A 公司新建 B 房地产开发建设项目没有履行环境影响评价审批手续的违法行为一直延续（持续）到新《环境保护法》颁布实施后，本案中 A 公司的这种违法行为一直处于一种延续（持续）状态，所以也可以适用新《环境保护法》中的规定实施处罚。

对此问题，根据"法不溯及既往"等法律适用原则的规定，我们采纳了第一种意见。

三、解析

在本案中，实际涉及了环境行政法中的一个重要问题，即违法事实发生在旧法（环境影响评价法）实施时期，此违法行为一直延续到新法施行期间，环保部门在新《环境保护法》实施后对违法者进行处罚时的法律适用问题。如何正确处理这起案件，我们认为，应当运用法律适用的基本原则对此案进行具体分析。

（一）根据《立法法》中"法不溯及既往"原则分析

在执法过程中，环保等行政执法机关经常会遇到新旧法律交替时如何适用相关规定，对此问题，在《行政处罚法》《行政强制法》和《行政诉讼法》以及新《环境保护法》中均无明确的规定。但《立法法》第九十三条规定："法律、行政法规、地方性法规、自治条例和单行条例、规章不溯及既往，但为了更好地保护公民、法人和其他组织的权利和利益而作的特别规定除外。"这就是大家所说的"法不溯及既往"原则，本原则是指新的法律颁布后，对其生效前的事件和行为不适用新法的原则。可见，在新旧法律相冲突或者新法未对相关问题作出规定时，如果适用新的法律规定，必须满足两个条件：一是新法律规定对公民、法人和其他组织的权利和利益进行了更好的保护，二是必须在新法律中规定了适用的特别规定。而目前，我国除一般对涉及历史问题处理的法律规范均规定了具有溯及力外，其他现行法律、法规绝大部分不具有溯及力。

所以，我们认为，《立法法》中关于"法不溯及既往"的原则，是适用于整个法律体系的基本原则，各部门法领域都应当严格遵守，而新《环境保护法》也不例外。从本案看，新《环境保护法》中对处理"未批先建"的规定较之《环境影响评价法》中的处罚力度明显加强，因而就行政管理相对人而言，是不利于保护其权益的。

（二）参照《刑法》中"从旧兼从轻"原则分析

《刑法》第十二条规定："中华人民共和国成立以后本法施行以前的行为，如果当时的法律不认为是犯罪的，适用当时的法律；如果当时的法律认为是犯罪的，依照本法总则第四章第八节的规定应当追诉的，按照当时的法律追究刑事责任，但是如果本法不认为是犯罪或者处刑较轻的，适用本法。"即"从旧兼从轻"原则，其意思是指新法律颁布后，对其生效前的事件和行为，一般应适用旧法，但当新法所规定承担的责任比旧法承担的责任轻时，可以适用新法。这是对"法不溯及既往"原则的具体化。我们认为，不管是《刑法》还是《行政处罚法》乃至《环境保护法》，它们都是关于公权力与私权利关系的法律，有很多相似之处，所以，参考《刑法》中的"从旧兼从轻"原则，比较可取。

（三）借鉴司法实践中"实体从旧，程序从新"原则分析

在司法实践中，最高人民法院于 2004 年 5 月出台的《关于审理行政案件适用法律规范问题的座谈会纪要》中明确指出："关于新旧法律规范的适用规则，根据行政审判中的普遍认识和做法，行政相对人的行为发生在新法施行以前，而具体的行政行为作出在新法之后，人民法院审查具体行政行为的合法性时，实体问题适用于旧法的规定，程序问题适用新法的规定。"这一规定被概括为"实体从旧，程序从新"，这也是法律适用的一般原则。

根据法律规定内容的不同来进行划分，可以分为实体法和程序法。实体法是规定具体权利义务内容或者法律保护的具体情况的法律，如《刑法》《环境保护法》《环境影响评价法》等；程序法是规定以保证权利和职权得以实现或行使，义务和责任得以履行的有关程序为主要内容的法律，如《行政诉讼法》《行政强制法》《民事诉讼法》《刑事诉讼法》等。按照有关规定，实体法原则上一般是没有溯及力的，因为实体法关系到一个法律关系的最重要的内容问题，不能轻易改变，法律不能对其颁布以前发生的事进行调整，因为立法者不能要求其公民具有预测法律的能力。程序法规定的主要是在诉讼的过程当中，当事人的权利义务以及程序问题，不会涉及实体的问题，所以颁布了新的法律就适用新的法律。

所以，不管是新《环境保护法》还是《环境影响评价法》，原则上是没有溯及力的，在执行时显然是从旧（适用旧法规定），而不是从新（适用新法规定）。

我们认为，该"纪要"虽然是法律适用规则在行政审判领域运用的具体化，主要是约束行政审判工作，不是行政机关执法引用的直接依据，但对行政执法机关在法律适用规则这一问题上具有重要的指导意义。

至于第二种意见提出的 A 公司的违法行为一直延续（持续）到新《环境保护法》颁布实施后，这种违法行为一直处于延续（持续）状态，所以可以适用新《环境保护法》中的规定实施处罚。对于这一情况，根据原国家环境保护局《关于违反环境影响评价制度法律责任问题的批复》（环法〔1995〕329 号）和原国家环境保护总局办公厅《关于建设项目未经环评文件审批和环保设施验收法律适用的复函》（环办函〔2003〕694 号）以及原国家环境保护总局《关于〈环境影响评价法〉第三十一条法适用问题的复函》（环函〔2004〕470 号）中的行政解释，即国家对建设项目实行环境影响评价制度，建设单位应当在建设项目的可行性研究阶段报批环境影响评价文件；即使是不需要进行可行性研究的建设项目，建设单位也应当在开工之前报批建设项目环评文件；对目前仍在建设又拒不补办手续建设项目的，则属违法行为延续至今。据此，建设单位未按国家规定在可行性研究阶段或核准前报批环境影响评价文件即擅自开工建设的，其行为违反了建设单位进行环境影响评价的法定义务；在其依法履行环境影响评价义务之前，其行为应被视为违法行为处于继续状态。也就是说，对于建设单位未报批环境影响评价文件即擅自开工建设的违法行为从开工之日起一直延续（持续）到依法履行环境影响评价义务之前，其行为应被视为违法行为处于继续状态。换句话说，第二种意见所表述的 A 公司的这种违法行为一直延续（持续）到新《环境保护法》颁布实施后，其违法行为处于延续（持续）状态，同原国家环境保护总局的解释中所说的违法行为处于继续状态的意思是一致的。

结合本案，由于 A 公司未按国家规定向县环保部门报批环评文件即于 2014 年 12 月上旬开工建设，其行为已经构成"擅自开工建设"的违法行为。A 公司没有履行环境影响评价审批手续的违法行为一直延续（持续）到新《环境保护法》颁布实施后，本案中 A 公司的这种违法行为一直处于继续状态。我们认为，不管该行为是否属于"违法行为有延续（持续）状态"，还是"违法行为有继续状态"，已没有太大意义。因为《行政处罚法》第二十九条关于"违法行为有连续或者继续状态的，从行为终了之日起计算"的规定，是从追诉时效来讲的，本案的处理也没有涉及追诉时效问题。

综上，根据《立法法》中"法不溯及既往"的原则理解，参照《刑法》中"从旧兼从轻"原则分析，并借鉴司法实践中"实体从旧，程序从新"的规定，我们认为，本案中，在处理发生在新《环境保护法》施行以前的已有"未批先建"违法行为，环保部门仍应当适用《环境影响评价法》第三十一条的规定予以处理。

四、启示

"法不溯及既往"原则是《立法法》规定的适用于整个法律体系的基本原则，各个部门法领域都应当严格遵守。"从旧兼从轻"原则虽然只在《刑法》中有明文规定，但是对于处理公权力与私权利关系这类的行政行为时也可以借鉴。"法不溯及既往"原则与"从旧兼从轻"原则是不矛盾的。对此，在执法工作中，当事人的行为发生在新法生效前，行政机关在新法生效后才处理的，除法律、法规明确规定该法具有溯及既往的效力外；对当事人的行为在新法生效之前发生，行政机关在新法生效之后作出处理的，有关实体问题原则上应适用旧法的规定，有关程序方面，应适用新法的规定。但是，"从旧兼从轻"的情况例外，即新法规定属于违法行为的，应当给予行政处罚，旧法规定不属于违法行为的，应当适用旧法的规定；旧法规定属于违法行为，应给予行政处罚，新法规定不属于违法行为的，应当适用新法的规定；新法、旧法的规定都属于违法行为的，哪个法规定的处罚轻，就适用哪个法的规定。

当新旧法律交替时，应当适用哪部法律？作为环境监察执法人员，在熟知相关实体法和程序法的有关规定的同时，还得全面了解和掌握法律适用的各项基本原则，并结合有关司法解释，准确把握案件的特点，才能使案件及时公正地予以处理。